自衛隊の南西シフト

戦慄の対中国・日米共同
作戦の実態

小西 誠 著

社会批評社

目次

注　先島—南西諸島の写真は、筆者撮影の他、現地の方々の協力を得て掲載。石垣島・宮古島のドローンの撮影は、野田雅也氏の協力、また自衛隊の装備品等の写真は、防衛省関連サイトから引用。なお、防衛白書、防衛省の情報公開提出文書などは、写真・図が不鮮明なものもあるが、必要上掲載した。

プロローグ

――急ピッチで進む先島―南西諸島の要塞化

付度か、政府による報道規制か

今、この日本で、戦慄する状況が進行している。

それは、本書で筆者がリポートする、先島―南西諸島への自衛隊の新基地建設、新配備に関するマスメディアの沈黙だ。

２０１６年6月の奄美大島、２０１７年10月からの宮古島駐屯地（仮）工事の着工、そして今、急ピッチで進む石垣島への自衛隊基地建設、沖縄本島での自衛隊の増強・新配備という、一連の自衛隊の南西シフト態勢に関して、マスメディアは、事実さえもほとんど報道しない。

マスメディアだけではない。従来、このような日本の軍拡や平和問題で発言してきた知識人らも、驚くべきほどの沈黙を守っている。

彼らは、この急速に進んでいる先島―南西諸島への基地建設について全く知らないというのか？　そうではない。マスメディアは、日本記者クラブでの現地調査も行っており（後述）、平和問題で発言してきた知識人らも、幾人かが現地を訪れたことを筆者は確認している。

しかし、彼らのほとんどは依然として発言しないのだ。何故なのか？　筆者は、２０１６年夏から２０１７年にかけて、幾度か与那国島・石垣島・宮古島、そして奄美大島を訪ねて、その基地建設の現場を見てきた。

拡大し続ける駐屯地と隊員

そこには与那国島を始め、防衛省・自衛隊当局が、地元に説明している事実とは全く異なる実態が隠されていた。

例えば、後述する２０１６年3月に開設された与那国駐屯地。

左頁の写真に写っているのは、かなりの広大な敷

地を有する駐屯地だ。これが、160人規模の沿岸監視隊だと言えるのか。
読売新聞の元記者は、与那国駐屯地へミサイル部隊の配備が予定されていることを記述しているが(『自衛隊、動く』勝俣秀通著・ウェッジ)、この駐屯地の敷地面積の広さや、与那国島の地理的位置からして不可避的に、ミサイル部隊の配備は必至といえるかもしれない。
最新の防衛省の発表では、「兵站基地」とされている与

2016年3月28日、自衛隊発足以来初めての先島諸島配備となった与那国駐屯地の開設。発表当時は100人の人員配置としていたが、現在は160人に脹れあがった。与那国島の3カ所に基地を建設

那国駐屯地の巨大弾薬庫も、それを表している。つまり、現在、先島―南西諸島で進んでいる基地建設は、沖縄世論を恐れて規模を縮小して行われているが、「宣撫工作」が成功すればするほど、拡大していくということだ。

ミサイル部隊の配備、そして琉球列島弧の要塞化

これを示しているのが、最近明らかになった先島諸島などへのミサイル部隊の配備問題だ。

２０１８年４月、国会で暴露された自衛隊の南西シフトの策定文書「『日米の『動的防衛協力』について」（統合幕僚監部）は、民主党政権下の２０１２年に作成されたが、この最初の南西シフト策定文書では、先島―南西諸島へのミサイル部隊配備は、明記されていないし、予定もされていない。つまり、この時期では沖縄世論を恐れて、ミサイル部隊配備は「有事展開」だったことが分かる。実際、こ

2017年10月から始まった宮古島駐屯地の造成工事は、突貫工事ともいえるほど急ピッチで行われている。上はドローンで撮影した宮古島駐屯地（仮）。上に見えるのが平良市街地。右の写真は、その造成工事（現在は建造物の建設へ）。その上に見えるのが、空自・宮古島レーダーサイト

の前後から自衛隊は、ミサイル部隊の「緊急展開訓練」を行っていたのだ（西部方面隊の「鎮西」演習など）。ところがどうだ。住民への宣撫工作成功とみるや否や、自衛隊は先島、奄美ばかりか、沖縄本島への地対艦ミサイル部隊の配備まで打ち出したのだ（２０１８年２月）。

それればかりではない。先島をはじめ、南西諸島の民間空港へＦ35Ｂ戦闘機を配備するという、凄まじい事実までが発表された。

それは、与那国島・石垣島・宮古島・南北大東島などの民間空港を軍事化し、Ｆ35Ｂの基地に使用するという計画だ。

マスメディアでは、このＦ35Ｂの運用については、ヘリ空母「いずも」などの改修による本格空母の導入が注目されているが、短期的に採用されるのは、南西諸島の民間空港の軍事化である。

つまり、先島―南西諸島は、対艦・対空ミサイル部隊などの基地として要塞化されるだけでなく、琉球列島弧に沿ったほとんどの島が、文字通りの要塞――不沈空母として造られていくということだ。

一大要塞島と化す奄美大島

左の写真を見てほしい。これは、２０１８年6月中旬の奄美大島・大熊《だいくま》地区の駐屯地工事現場だ。この地点を防衛省は、陸自・地対空ミサイル部隊・警備部隊３５０人規模の配備と発表しているが、誰の目にもそれをしのぐ巨大さは明らかだ（敷地面積30ヘクタール）。

奄美大島にはまた、陸自の地対艦ミサイル部隊・警備部隊の駐屯地が、瀬戸内町節子《せっこ》地区へ建設されている（写真下）。この規模も防衛省は、２００人規模と発表しているが、駐屯地敷地の巨大さ（28ヘクタール）からして、配備部隊の大幅な増強は必至だ。節子地区には、防衛省自身が「大規模火薬庫」と明記している、弾薬庫も造られつつある（写真下の左上部分）。

これだけでも、奄美大島の基地建設が凄まじいことが分かるが、この島には、空自の移動警戒隊の配備が発表されているばかりか、空自の通信所建設までもが発表されている。

要するに、奄美大島は、琉球列島弧の北の拠点として島全体が要塞化されるということだ。

しかも、本文で叙述するように、種子島・馬毛島《まげしま》の「事前集積基地」と相まって、南西諸島へ

の機動展開・中継拠点としても確保されようとしているのだ。

一行も報道されない奄美の基地建設

おそらく、読者は宮古島を始めとする先島諸島の基地建設の現場もそうだが、とりわけ、この奄美大島の自衛隊駐屯地の工事現場を、初めて知ったのではないだろうか。

率直に言えば、ここまで大規模に進行している奄美大島の基地建設について、全てのマスメディアは、一行・一秒も報道していない。リベラルと言われる朝日新聞を始めとしてそうである。信じられないだろうが、これは事実だ。最近、『週刊金曜日』（２０１８年4月13日付）などが少しだけ報じ始めたが、未だにマスメディアの報道は皆目ない。

残念ながら、奄美大島の自衛隊基地建設に関する限り、あるいは、先島―南西諸島への自衛隊基地建設と言ってもいいが、マスメディアは、ほぼ完璧に政府・自衛隊への「翼賛勢力」に転化した。

もちろん、奄美大島の地元の新聞は、正確に報道しているが、これが全く本土へは伝わらない。

抵抗の砦・石垣島のたたかい

与那国島の基地建設が完了し、宮古島、奄美大島の基地建設工事が、着々と進んでいる中で、石垣島は現在、唯一つ基地建設を食い止めている島だ。

しかし、その石垣島にも、防衛省の魔の手は迫ってきている。今年5月からは、「防衛は国の専権事項」などとうそぶき、基地誘致について言葉を濁していた中山石垣市長が、駐屯地予定地である平得大俣《ひらえおおまた》地区、そして、全石垣市民を対象とした「自衛隊配備の説明会」を開催・強行した。

この中山市長の豹変ぶりからすれば、相当の政府・防衛省の建設推進への圧力がかけられていると言えよう。奄美大島、宮古島への自衛隊配備は、２０１８年度末と予定されているが、石垣島では、未だに用地確保のメドさえ立っていないからだ。

駐屯地の予定地は、全体として市有地（ゴルフ場）であるが、予定地内には農地もある。木方《きほう》さんの「ダハズ農園」（次頁の防衛省図面）は、防衛省が何の前触れもなく、いきなり駐屯地用地に組み入れた。この図面の発表後、沖縄防衛局が二度ほど「挨拶」に来たというが、常軌を逸した行為だ。

駐屯地予定地とされる平得大俣地

自衛隊基地建設予定地の平得大俣地区、背後の山は於茂登岳

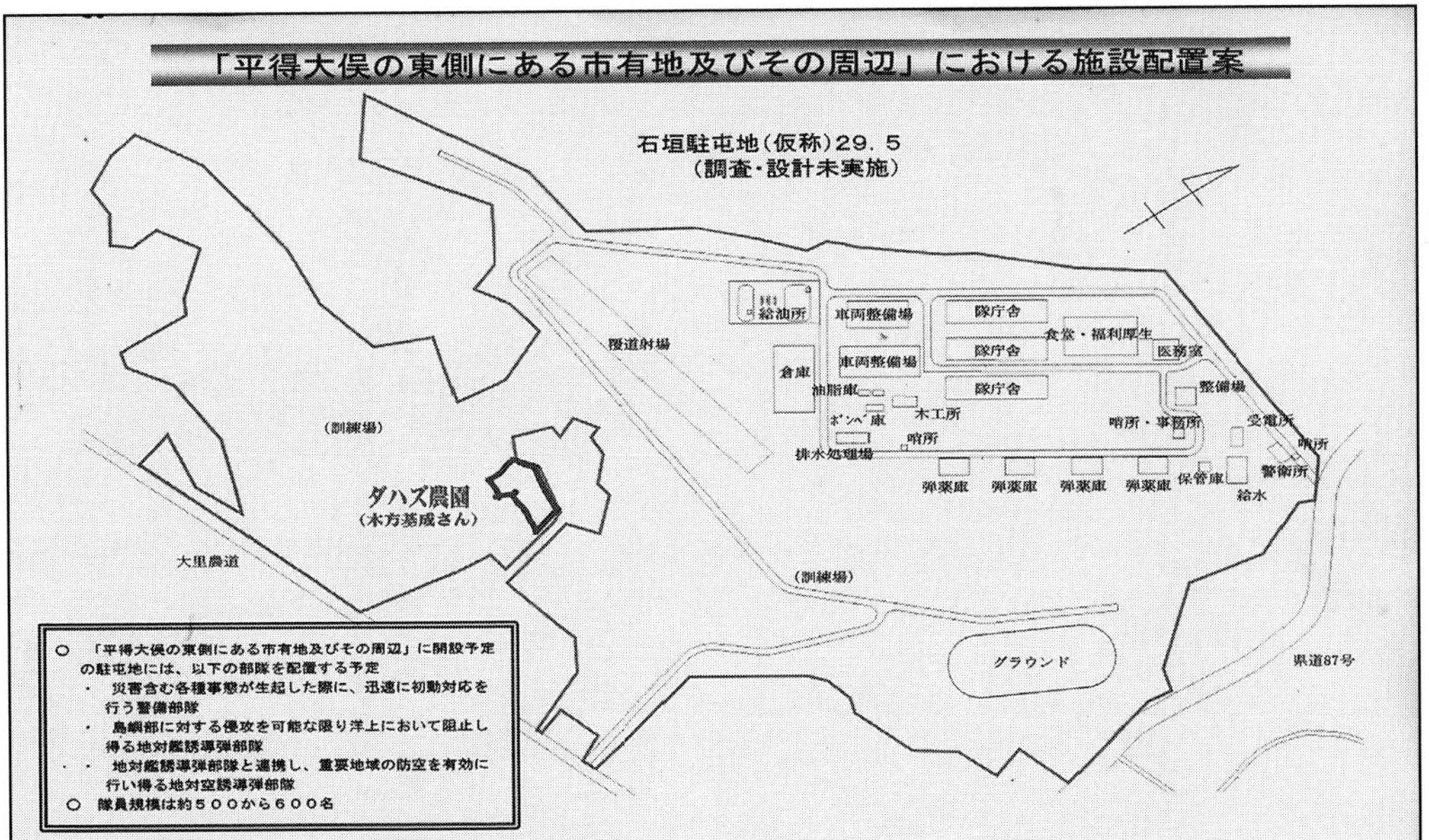

「平得大俣の東側にある市有地及びその周辺」における施設配置案
石垣駐屯地（仮称）29．5
（調査・設計未実施）
給油所
車両整備場
隊庁舎
隊庁舎
食堂・福利厚生
医務室
覆道射場
倉庫
車両整備場
油脂庫
隊庁舎
整備場
ボンベ庫
木工所
哨所・事務所
受電所
（訓練場）
哨所
哨所
排水処理場
警衛所
弾薬庫
弾薬庫
弾薬庫
弾薬庫
保管庫
給水
ダハズ農園
（木方基成さん）
大里農道
（訓練場）
グラウンド
県道87号
○ 「平得大俣の東側にある市有地及びその周辺」に開設予定の駐屯地には、以下の部隊を配置する予定
・ 災害含む各種事態が生起した際に、迅速に初動対応を行う警備部隊
・ 島嶼部に対する侵攻を可能な限り洋上において阻止し得る地対艦誘導弾部隊
・ 地対艦誘導弾部隊と連携し、重要地域の防空を有効に行い得る地対空誘導弾部隊
○ 隊員規模は約５００から６００名

区の四つの自治公民館は、全地区あげて自衛隊駐屯地の建設に反対だ。先の石垣市長の説明会にも、全地区あげてボイコットし、強く抗議行動を行っている（写真下、開南・於茂登《おもと》地区への説明会に抗議）。

石垣島最大の農業地帯の基地化

開南・於茂登・川原・嵩田の4地区自治公民館でつくられている平得大俣地区は、石垣島でも最大の農村地帯であり、景勝地だ。戦後、沖縄本島の米軍基地建設で追い出された開拓農民たちが創り上げたという集落は、沖縄最高峰の於茂登岳の南に広がる豊かな農村地帯だ。

この緑豊かな地域に、46ヘクタールもの敷地を占有し、対艦・対空ミサイル部隊、警備部隊などを配備するというのだから、農民らをはじめ、石垣住民らが反対するのは当然である。

しかも、石垣島は、戦中の一時期、1944年からおよそ1年余りしか、「軍隊」が駐屯したことはないという、非武装の島なのだ。もちろん、戦後は米軍も自衛隊も、一兵さえも駐留したことはない。戦後73年、軍隊がいなかった島に、「防衛の空白地帯」などと口実をつけて軍隊が来ることを、石垣島島民は決して許さないだろう。

【声明】自衛隊配備について意見を交わしましょう

市民のみなさん、石垣島への陸上自衛隊ミサイル基地配備について、どう、お考えでしょうか。防衛省は、2015年11月26日の正式要請後、3回の住民説明会、配置図案の提示を行い、市は、2016年10月28日「自衛隊配備に係る公開討論会」を開催しました。市長は、2016年12月26日突然「配備手続きの開始を了承」、「具体的な情報が出てきた段階で情報をオープンにし、市民の声、市議会の議論を経て防衛省と調整」するとしてきました。この結果、市有地の調査や民有地の用地取得への交渉など「受け入れ」が決まっていないにもかかわらず事態は進んでいます。4月27日には用地測量、補償物件調査など調査事業を実施するための入札公告を行う旨伝え、市も了承しています。

市民の間には、配備推進を求める団体や市民もあるでしょう。市議会も賛否両論ありますが、候補地周辺の於茂登、開南、川原、嵩田公民館と平得公民館が反対決議をしています。私たち「市民連絡会」が集めた「島のどこにもミサイル基地いらない、平得大俣の市有地を基地に提供しないこと」を求める署名は現在14,379筆で市長の言う重複(1175筆)を除いても13,000人余の市民が意思表示しています。市長も重く受け止めると述べてきました。防衛省も常々「地元のご理解とご協力を得るために丁寧に説明する」ことを表明しています。

では、どれだけの市民がこの状況を知っているのでしょうか。私たちも講演会、学習会、市民集会をはじめビラや街頭アピールなど多くの市民に「自衛隊配備問題」は、候補地周辺だけでなく市民全体、島の未来を決める重大問題だと訴えてきましたが、まだまだ足り無いと思っています。防衛省は、配備によるリスクや不安、疑問について十分に応えていません。まだ議論が尽くされていないことは明らかです。

また、候補地選定についても配備推進を求める市議が代表を務めるゴルフ場が含まれるなど問題があることや候補地内には沢や水脈があり、下流域には取水口があり水問題にも大きな影響があります。候補地選定について防衛省は「島の中央部で、災害時に対処できるから」と述べていますが、そもそもの選定過程に瑕疵がないのかどうかも検証が必要ではないでしょうか。

こんな現状にもかかわらず、市長は5月16日の於茂登、開南地区の「意見交換会」に続いて、本日は川原、嵩田地区の「意見交換会」を強引に開催しようとしています。市民の意見を聞くというより、「意見交換会」を開いたという既成事実をつくりたいとしか思えません。要請を受けてから3年たっていますが、判断を急ぐ理由はどこにもありません。

「市民連絡会」は、市長に対し、4地区だけでなく広く市民との対話を要請しましたが回答が無いままです。市民討論会を求める声もあります。国内外から多くの観光客が訪れ、日本一幸せなまちづくりを目指す市長として、配備手続きを中止して、配備による市民生活、産業面のメリット、デメリット、景観・環境保全など様々な視点から市民や議会で議論が尽くせるよう責任を果たすことが求められているのではありませんか。

市民のみなさん、ともに自衛隊配備問題について意見を交わすことを呼びかけます。

2018年5月31日

石垣島に軍事基地をつくらせない市民連絡会
共同代表　上原秀政、金城哲浩、波照間忠
嶺井　善、八重洋一郎

日本記者クラブ取材団は先島で何を見てきたのか？

下の記事は、２０１６年11月30日から12月３日まで、与那国島・石垣島を取材したとされる「日本記者クラブ」16人の、石垣市長への取材を報じる記事だ（八重山毎日新聞、同年12月２日付）。

取材団には、沖縄２紙をはじめ、新聞・テレビのマスメディアが参加していたと言われる。

ところで、沖縄本島の２紙は、翌２０１７年初めから、特集を組んで、自衛隊の先島―南西諸島問題をようやく本格的に報じ始めた。ところが、残りのマスメディアはどう報じたのか？　なんと、ほとんどが沈黙を守ったのだ！

下の左の資料は、ウェブサイトに貼られていたＮＨＫの深夜の解説記事である（17年１月31日）。この解説委員は、自らがこの取材団に参加していたことを話し、若干の自衛隊の南西シフトに関する解説を行っている。しかし、報道は深夜なのだ。

朝日新聞は、どのように報じたのか？　同紙は、17年３月１日、夕刊で与那国島に関する記事を掲載。だが、驚くべきことにこの記事は、自衛隊配備問題にはほとんど触れず、マンガ家・かわぐちかいじの『沈黙の艦隊』に関する、与那国駐屯地司令との「漫談」を書いているのみだ。以後、今日に至るまで、朝日を始め、マスメディアは、自衛隊の南西諸島への配備にほとんど沈黙している。

自衛隊配備など取材
日本記者クラブのメンバー

公益社団法人日本記者クラブに加盟する取材団16人が、11月30日から3日まで石垣市・与那国町を訪れ、自衛隊南西諸島配備に関する取材を行っている。同クラブが取材団で八重山を訪れるのは初めて。

1日は八重山漁協や石垣島への自衛隊配備反対派を取材し、その後、中山義隆市長と面談し、尖閣諸島を取り巻く現状や、石垣島への自衛隊配備に関する考えを聞いた。

中山市長は記者団の質問に対し「さまざまな意見を参考にして、自衛隊受け入れを最終的に市長として判断する」と、これまで通り慎重なスタンスを示し、「若宮健嗣防衛副大臣から要請を受け1年が過ぎた。（防衛省への）返事もそう遠くはない」と述べた。

記者団は2日、与那国島

衛隊与那国

察し、3日

でことし配

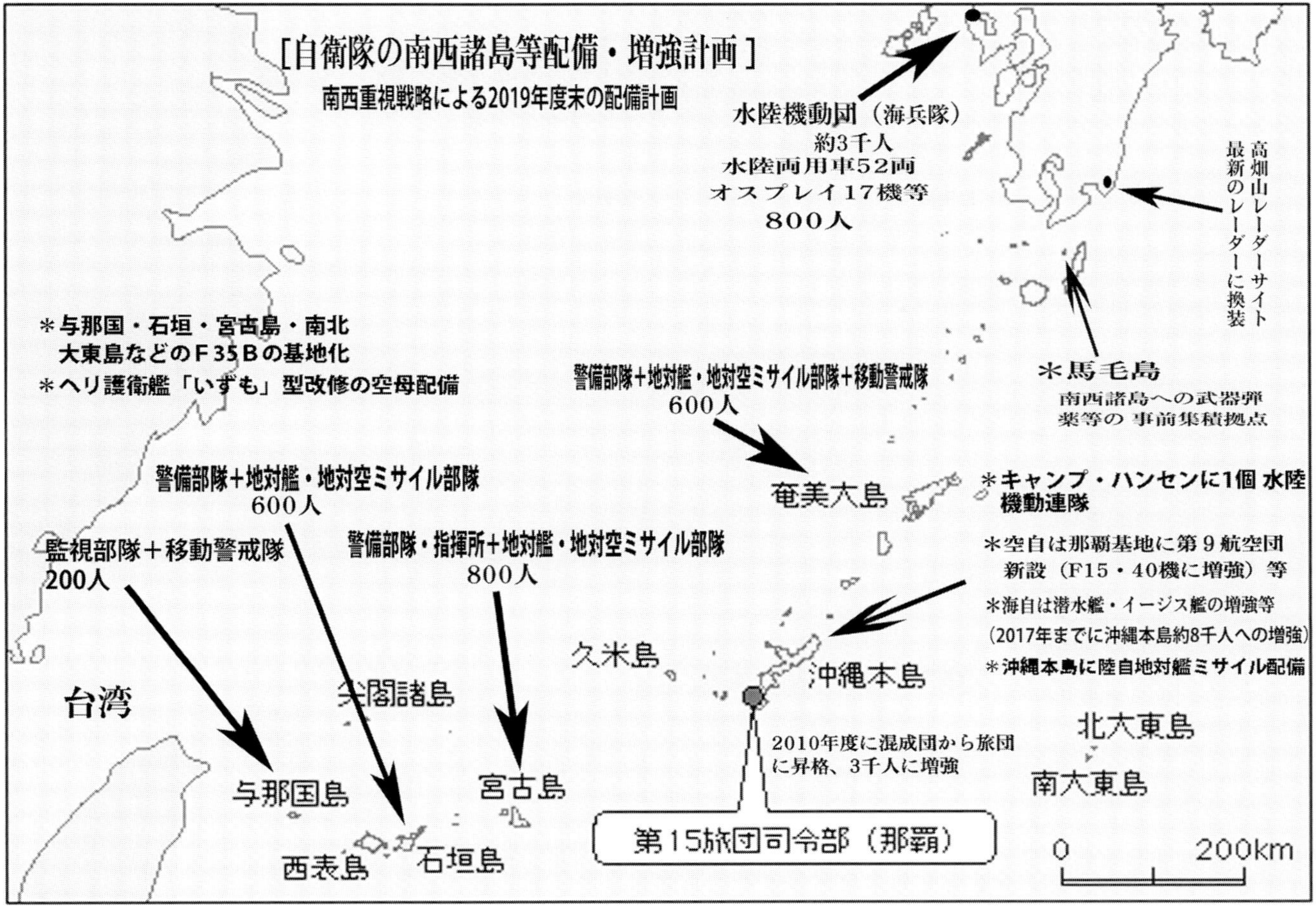
[自衛隊の南西諸島等配備・増強計画]
南西重視戦略による2019年度末の配備計画
水陸機動団（海兵隊）
約3千人
水陸両用車52両
オスプレイ17機等
800人
高畑山レーダーサイト
最新のレーダーに換装
＊与那国・石垣・宮古島・南北
大東島などのF35Bの基地化
＊ヘリ護衛艦「いずも」型改修の空母配備
＊馬毛島
南西諸島への武器弾薬等の 事前集積拠点
警備部隊＋地対艦・地対空ミサイル部隊＋移動警戒隊
600人
奄美大島
＊キャンプ・ハンセンに1個 水陸
機動連隊
＊空自は那覇基地に第9航空団
新設（F15・40機に増強）等
＊海自は潜水艦・イージス艦の増強等
(2017年までに沖縄本島約8千人への増強)
＊沖縄本島に陸自地対艦ミサイル配備
警備部隊＋地対艦・地対空ミサイル部隊
600人
監視部隊＋移動警戒隊
200人
警備部隊・指揮所＋地対艦・地対空ミサイル部隊
800人
久米島
沖縄本島
台湾
尖閣諸島
2010年度に混成団から旅団
に昇格、3千人に増強
北大東島
南大東島
与那国島
宮古島
第15旅団司令部（那覇）
0
200km
西表島
石垣島

第1章　与那国島に開設された沿岸監視部隊

——果たして与那国にミサイル部隊は配備されないのか？

与那国島のインビ岳に建つ異様なドーム群

日本最西端の島が、与那国のキャッチフレーズだ。

実際、西の方向にある台湾までは約111キロ、天気のよい日は、台湾が一望できる。この与那国島西の水道は、中国の大型民間船も多数が行き来する。そして、ここは中国海軍の南シナ海への重要な出口でもある。

この地に2016年3月に開設されたのが、与那国沿岸監視隊だ。その任務は、下記の防衛省文書が説明するように、与那国西水道を航行する、中国軍民船舶および対空の警戒監視だ。

部隊人員は、陸自西部方面情報隊隷下の隊本部、通信情報隊、レーダー班、監視班、後方支援隊、警備小隊、情報保全隊（最近の防衛省文書で発表）など160人から編成されている。

与那国島のほぼ中央、インビ岳に設置されたドーム型のレーダー群は、島のどこからも一望できるが、異様な光景だ（頁左上）。

また、駐屯地の近くの久部良《くぶら》岳に設置されているのが、固定

沿岸監視部隊の概要及び配置場所について【与那国島】

○　28年3月28日、与那国駐屯地を開設し、約160名規模の与那国沿岸監視部隊等を配置

○　沿岸監視部隊の任務は、我が国の領海、領空の境界に近い地域において、付近を航行・飛行する艦船や航空機を沿岸部から監視して各種兆候を早期察知すること

○　我が国の領海、領空の境界に近いこと（与那国島は日本最西端の島）や部隊配置を行う上で必要な地積や社会基盤（電力・通信・上下水道）等が存在していること等を総合的に考慮し、与那国島を配置場所として選定

○　与那国島の地理的環境（沖縄島から約５００ｋｍ）を踏まえ、警備機能及び会計・衛生等の後方支援機能を独自に保有

○　平成２８年度予算においては、宿舎整備に係る経費として約５５億円が認められた。

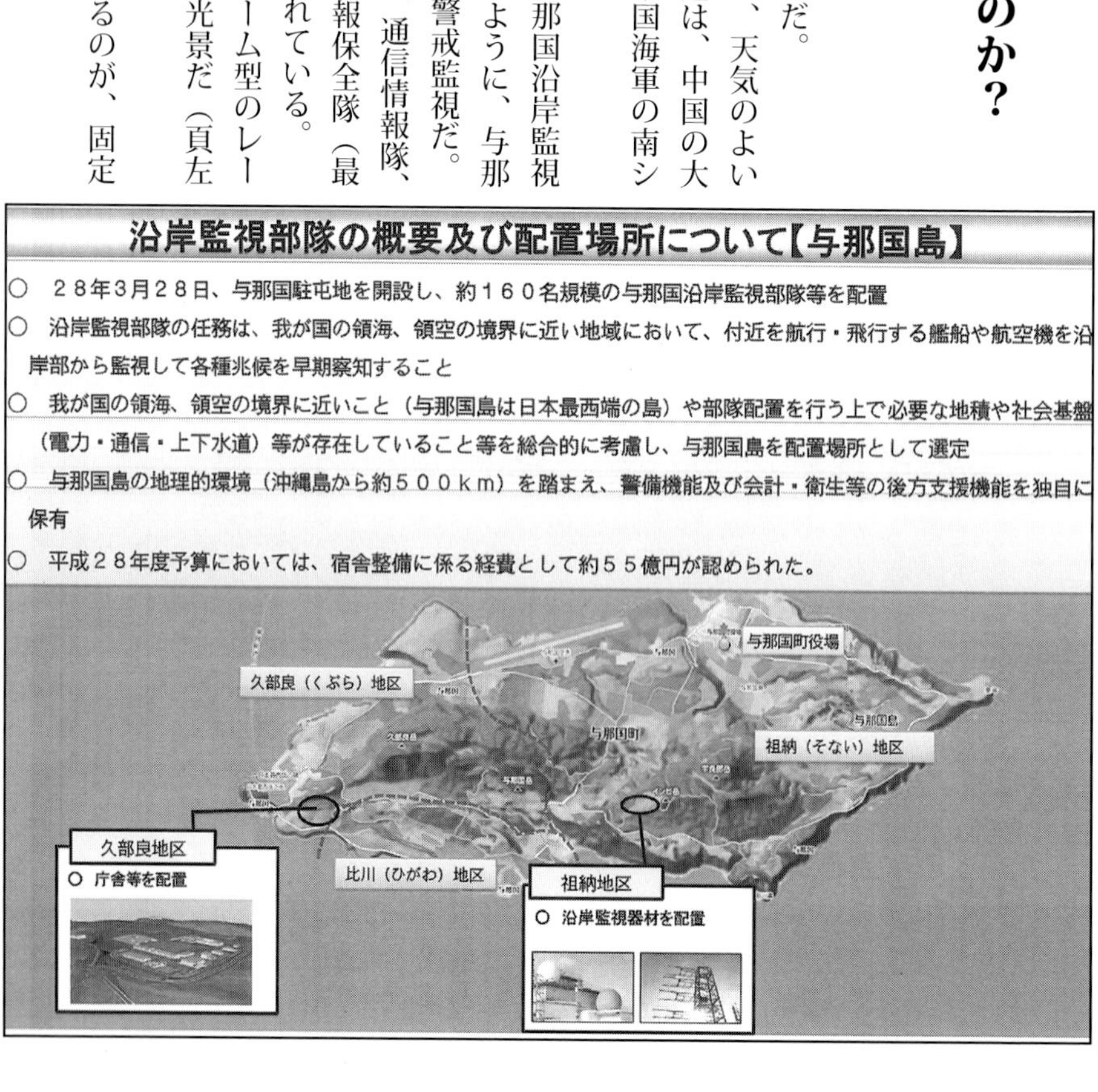

の対空レーダーだ（前頁下）。この他にも、空自の移動警戒隊約50人の配備が、予定されている（写真下は、そのレーダー部隊の与那国島での展開訓練）。

対艦・対空ミサイル部隊の配備は？

与那国島には、今のところ対艦・対空ミサイル部隊の配備は発表されていない。だが、次頁写真に見る弾薬庫（最近、自衛隊は「兵站施設」と発表）の大きさからすれば、沿岸監視部隊という技術中心の部隊が保有する規模ではない。

台湾——与那国島間の海峡を制するという地理的位置からしても、ミサイル部隊の配備は不可避だ。実際、すでに紹介した読売新聞記者の著書では、ミサイル部隊の配備が描かれている。

一旦、自衛隊が配備されるとすると、その拡大・増強は限りなく進む。与那国島でも、当初の防衛省の発表では、約100人規模ということだったが、いつの間にか人員が増加し、しかも空自部隊までも配備されつつある。

島には、海自の掃海部隊がしきりに寄港しているが、早晩、海自部隊の配備もなされるかもしれない。

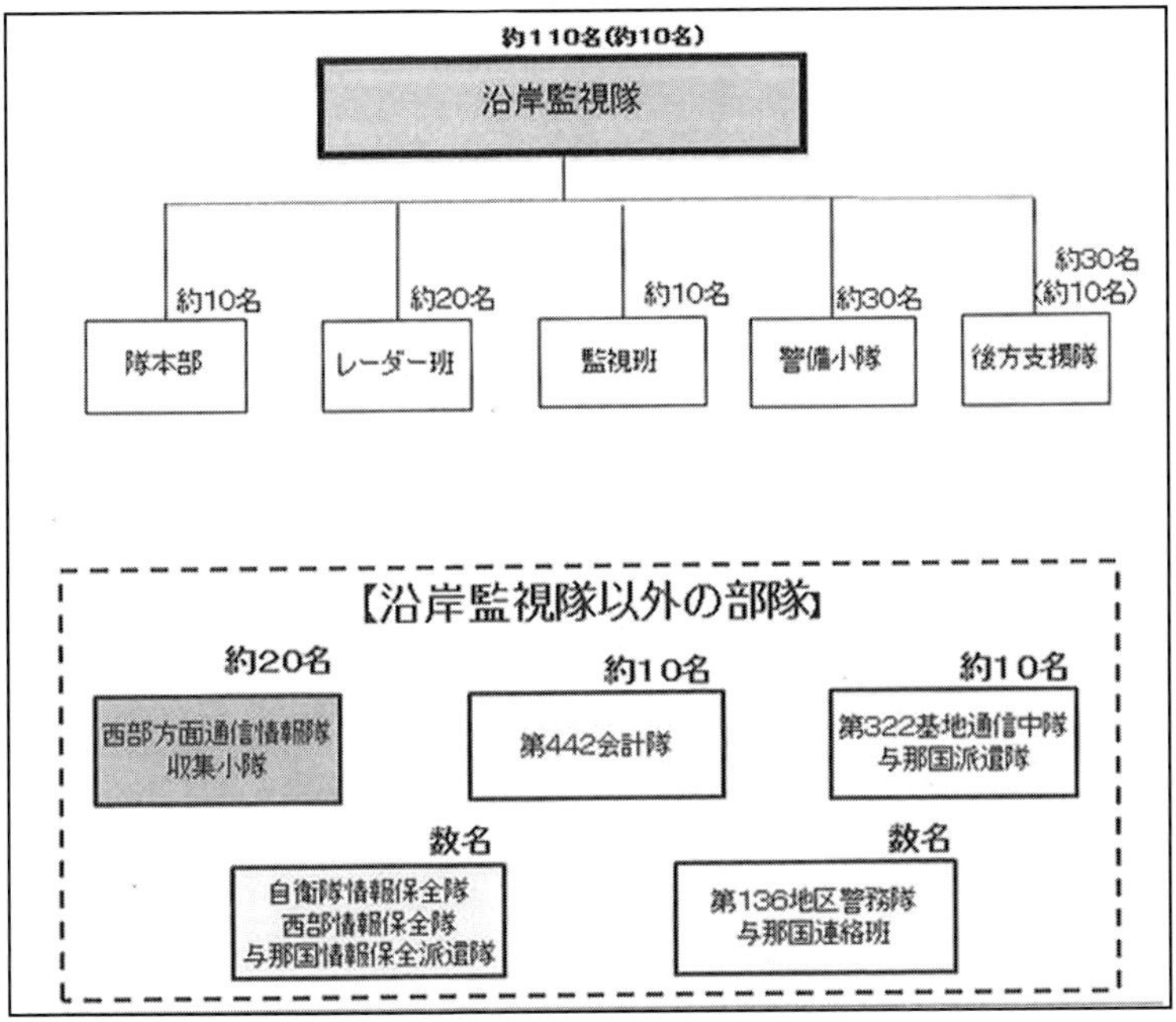

＊筆者の情報公開請求によれば、与那国駐屯地には、「情報保全隊」数名が配備されていた。これは、地元にも全く通知していない新配備。この部隊の任務は、住民動向の監視であり、自衛隊反対派の監視だ（旧「調査隊」から改称）。

米太平洋司令官と統合幕僚長の与那国島訪問

与那国島の部隊が、戦略的にどのように位置するのか、また、政治的にどのような意味を持つのか。これを指し示したのが、ハリス米太平洋軍司令官（当時。太平洋軍は「インド太平洋軍」に改称）と、河野統合幕僚長の与那国島訪問だ（次頁上写真）。

与那国駐屯地開設1周年（2017年4月）に合わせての訪問だが、このアジア太平洋地域の日米軍トップの訪問は、たぶんに政治的意味がある。

というのは、与那国駐屯地の発足は、米太平洋軍にとっても、日米の対中戦略――南西シフト態勢の強力な推進剤であるからだ。

アジア太平洋戦争の激戦地・沖縄――。この沖縄・先島諸島で、新たな、最初の軍事拠点を造るという意味を、その困難さも含めて、両司令官らは熟知していたのだ。

この意味で、与那国駐屯地の発足は、日米の中国封じ込め政策＝琉球列島弧の封鎖作戦＝「島嶼防衛戦」の突破口になった。

しかしながら、先島―南西諸島の人々のたたかいは、これからだ。私たちは、それにどう応えるのか（写真下は、与那国駐屯地正門）。

駐屯地の建設で餌場を奪われた与那国馬。左は与那国島を訪ねた筆者

第2章　自衛隊の新基地建設を阻む石垣島住民

——駐屯地建設に向けて動き出した中山市長

46ヘクタールの広大な駐屯地予定地

自衛隊が石垣島に駐屯地建設を予定するのは、島の中央部、於茂登前岳の麓の農村地帯だ（頁左）。その中心部の土地は、市の所有する土地であり、ゴルフ場となっている。しかし、すでに紹介した、木方さんらの農地も、その駐屯地建設の対象地となっているのだ。

自衛隊は、この駐屯地に対艦・対空ミサイル部隊、警備部隊の、合わせて約６００人を配置するとしている。その中には、隊庁舎などの多数の駐屯地施設、弾薬庫４棟のほか、射撃場、保管庫、さらに広大な訓練場も建設する計画である。

南西地域における警備部隊等の概要【石垣島】
■　石垣島の主な選定理由
○　石垣島及びその周辺離島には約５万３千人と多くの住民が暮らしているものの、陸自部隊が配備されておらず、島嶼防衛や大規模災害など各種事態において自衛隊として適切に対応できる体制が十分には整備されていない。
○　石垣島は、部隊を配置できる十分な地積を有しており、島内に空港や港湾等も整備されているとともに、先島諸島の中心に位置しており、各種事態において迅速な初動対応が可能な地理的優位性があること。また、災害対処における救援拠点として活用し得る。
○　隊員やその家族を受入れ可能な生活インフラが十分に整備されている。
■配置先候補地など
平得大俣の東側にある市有地及びその周辺
新石垣空港
バンナ岳
旧石垣空港
石垣市街地
(※)グーグルマップに防衛省加筆
「平得大俣の東側にある市有地及びその周辺」に隊庁舎、グラウンド、火薬庫、射撃場等を整備する予定
(※)写真はイメージ
隊庁舎
グラウンド
火薬庫
射撃場
■主な部隊の概要
警備部隊
地対空ミサイル部隊
地対艦ミサイル部隊
隊員規模は500人～600人程度
6

頁右が防衛省が石垣島に提出した大ざっぱな配置図である。27頁は、石垣住民が作成した島内の駐屯地予定地の位置を示す概略図だ。

於茂登、開南、川原、嵩田の平得大俣地区という、農村一帯の中心部に広大な駐屯地建設が予定されている。重大なのは建設予定の4棟の弾薬庫が、地区の居住地から数百メートルしか離れていないことだ。

言うまでもなく、対艦・対空ミサイルの破壊力は、凄まじい。地対艦ミサイルなどは、数発で敵の戦艦を沈めるぐらいの威力がある。こういう爆発力の大きい弾薬庫を住民居住区に近い場所に設置するというのは、「本土」では考えられない。

しかも、平時のミサイル弾薬の保有も危険だが、間違いなく有事・戦時には、ミサイル弾薬の保有は十倍ぐらいになるだろう。このこと一つをとっても、石垣島への自衛隊配備が、いかに島民に危険をもたらすかが明らかである。

発射・移動を繰り返す対艦・対空ミサイル部隊

さて、石垣島を一度訪れてみれば分かるが、この平得大俣地区は、北に聳え立つ於茂登岳の背後に位置する。

つまり、中国側の山陰になり、東西は見通しのよい広大な平地になっている。そして、その麓に広がる駐屯地予定地は、対艦ミサイル戦を行うには絶好の地形だ。

自衛隊は、対艦・対空ミサイル作戦・戦闘について、その実態を全く石垣島住民に知らせていない。地対艦ミサイル戦は、自衛隊がおそらく世界で最初に始めた戦闘であり、冷戦下の北海道でのソ連への対着上陸戦闘を契機に導入されたものだ。この作戦・戦闘の内容は、想像するよりも遥かに大がかりな戦闘である。

石垣島などで、予定される対艦・対空ミサイル戦闘は、中国軍の宮古海峡などの通峡の阻止、および島々への着上陸戦闘を想定したものだ。対する自衛隊が、この中国軍の最初の弾道・通常ミサイル部隊の「飽和攻撃」を回避するには、対艦・対空ミサイル部隊とも、島中を移動しながら、攻撃を回避し生き残らなければならない。

つまり、自衛隊のミサイル部隊は、発射→移動、発射→移動を繰り返さない限り（車載式ミサイル部隊）、とりわけ、鈍重な地対艦ミサイル部隊は、壊滅を免れない（下図は情報公開請求で提出された、奄美大島の対艦・対空ミサイル部隊の運用）。

だが、このような回避行動だけでは、まだ部隊が残存することはできない。対艦・対空ミサイル部隊が生き残るためには、部隊の徹底した抗堪《こうたん》性を築かねばならない。抗堪性とは軍事用語であるが、要するに、ミサイル部隊の残存のために地下壕を造り、その隠蔽・移動のためには地下トンネルを無数に造るということだ。

地対艦誘導弾(SSM)の部隊運用イメージ
捜索標定レーダ装置
指揮統制装置
射撃統制装置
発射機

中距離地対空誘導弾(中SAM)の部隊運用イメージ
地上攻撃用ミサイル
ECM(電子妨害手段)
射撃用レーダ装置
射撃統制装置
対空戦闘指揮装置
発射装置

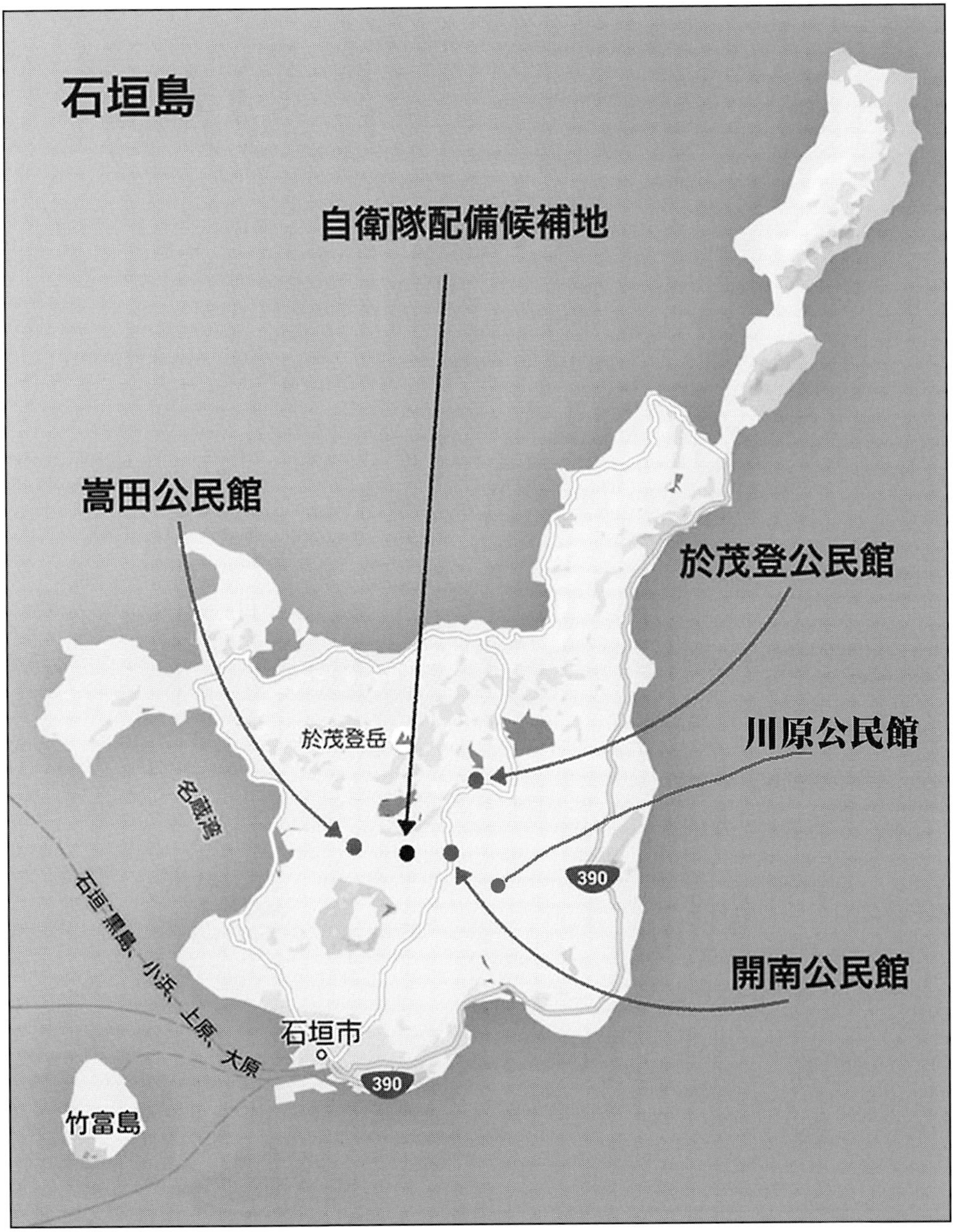
石垣島
自衛隊配備候補地
嵩田公民館
於茂登公民館
川原公民館
開南公民館
於茂登岳
名蔵湾
390
石垣市
石垣-黒島、小浜、上原、大原
竹富島
390

要するに、発射されたミサイル部隊の位置を、徹底して隠蔽しない限り、敵からしてミサイル部隊の発見はたやすいということだ。これが、対艦・対空ミサイル部隊の大きな弱点となっている（陸自教範『対艦ミサイル連隊』）。

島中に翻る自衛隊配備反対ののぼり

石垣島には、島中に自衛隊配備反対、ミサイル部隊配備反対ののぼりが翻っている。２０１８年３月の市長選に敗れたとはいえ、住民・市民のたたかいは健在だ。前年までには、「石垣島に軍事基地をつくらせない市民連絡会」は、「自衛隊配備反対」を掲げた石垣市民１万４千筆余の署名（有権者の半数）を集めて、市長を始めとした自衛隊誘致派を追い詰めている。

この反対運動の広がりに対する、防衛省・自衛隊の焦りが、今年5月以降の中山市長の「自衛隊配備説明会」の強行開催だ。しかし、平得大俣地区の農民を始めとした石垣島住民の激しい抵抗は、ますます広がり始めている。こうした中、沖縄本島から石垣島・宮古島への連帯する運動が、ようやく始まった。今年5月15日、「平和とくらしを守る県民大会」は次のように宣言した。

「島嶼防衛のもと与那国島への自衛隊の監視部隊や宮古島、石垣島への地対艦ミサイル部隊の配備は言語道断である。私たちは捨て石にされた73年前の惨烈な沖縄に回帰させてはならない。」

陸自配備

「絶対やめて」と訴え

戦争体験、80歳男性が唯一出席

嵩田・川原住民意見交換会

平得大俣地区への陸上自衛隊配備計画をめぐり、石垣市は5月31日夜、嵩田・川原地区住民を対象にした意見交換会を市健康福祉センター検診ホールで開いた。川原から戦争体験者の男性（80）が唯一出席、「この施設を造れば標的になる。絶対やめてください」と訴えた。周辺地区住民に限定した意見交換会に反発する4公民館は開始前に芝生広場で抗議集会を開き、「市民全体でもっと綿密に話し合った上で意思決定していくことを強く求める」との声明を出した。幅広い市民との意見交換会について中山義隆市長は早急に対応方針を明らかにする考えを記者団に示した。

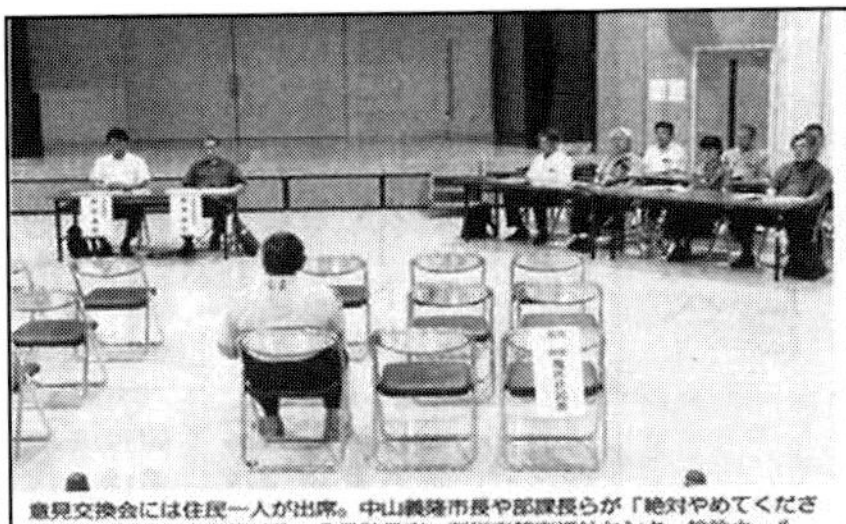
意見交換会には住民一人が出席。中山義隆市長や部課長らが「絶対やめてください」との訴えに耳を傾ける＝5月31日夜、石垣市健康福祉センター検診ホール

意見交換会に先立って開かれた抗議集会に参加する人たち。「石垣市民全体でもっと綿密に話し合った上で意思決定を」との声明を確認する＝5月31日夕、石垣市健康福祉センター芝生広場

市は当初、川原小学校体育館で予定したが、同校が「学校教育上支障がある」として使用許可を取り消したことを受け、急きょ会場を変更した。開南公民館の小林丙次館長は集会で「通知を出して6日後に開催する催しがあるか。さらに1日前の変更は非常識。あり得ない。仕切り直すのが常識で、ごり押しはあまりにもひどい」と怒りをぶつけた。

意見交換会に参加した男性は、自らの戦争体験を紹介した上で「石垣島につくるのはお金のムダ。この施設で防衛ができるのか。かえって危ない。標的になる」「予定地には僕の畑も入っているが、農地を潰して生産能力のない施設を造るのか」「基地が隣にある開南には人が住まなくなる」など声を上げた。

地対艦・地対空誘導弾の配備について中山市長は「『ミサイル基地』をつくるのではなく、誘導弾は車両でどこにでも移動する装備」と説明したが、男性は「移動したところが標的になる」と危機感をあらわにした。

中山市長は「反対意見を防衛省にしっかり伝える」と応じ、男性は取材に「何も言わないと反対派は来なかったという口実を逆につくられる」と参加理由を説明した。

4公民館ら抗議集会

市民全体で意思決定を　市長、早急な対応方針

4公民館と石垣島に軍事基地をつくらせない市民連絡会（共同代表・上原秀政氏ら5人）が開いた集会には約80人が出席。「自衛隊配備について意見を交わし

陸自配備候補地の畑で思うこと。菩提樹のこと。

信じられない事が起こりました。去る5月18日の八重山毎日新聞の記事で、はじめて自衛隊予定地の具体的なの配置案を知りました。なんと、私の農園が国の勝手な都合で基地の配置案に組み込まれていました。土地の地権者である私が、こんな大事なことを新聞紙面上で知らされるなんて、こんな事が、まかり通るのでしょうか?それまでに二度、自衛隊と沖縄防衛局の渉外担当者が自宅に私を訪ねて来ましたが、その時点では土地の調査協力の依頼のあいさつで具体的な場所の確定は未定と説明を受けました。そして、事前に何の知らせもなく突然に新聞紙面上で、この配置案を知りました。それから2、3日後に再び土地の調査協力の件で渉外担当者が訪ねてきたので、私はこの非情な人権を無視した配備計画の進め方にあまりにも、おかしなことが多すぎること(物事の進め方の順序、調査を受け入れないと計画の情報が提示できない、議論が深まらないという市長と防衛局の、なんとも奇怪な論理)。市長の配備に向けた手続き開始の容認は、とうてい民意を反映したものとはいえないこと。市長および議会推進派の独裁、独断であり市民同意の最終決定ではないこと。それを、既に決定した事実であるかのように思わせるような高圧的な雰囲気に私は沿えないこと。全然、諦めていないこと。そもそも私は石垣島への陸自配備計画以前にアンチ・ミリタリズム(反軍国主義・反軍備・反軍拡競争)であること。これらのことを自分が極力、熱くならないように努めながら、渉外担当者に伝え、土地の調査の協力も、できないことを伝えて帰ってもらいました。私は思います。隣国の軍事力の脅威論が配備推進の後ろ盾になっている様ですが、その通りだと思います。だけど、やっぱり、おかしい。そもそも、人類共通の最大の脅威は軍国主義なのです。私はこの脅威を一刻も早く取り除きたい。ここ石垣島から、はじめたいのです。世界の状況を間違い探しの絵に例えるなら、私たち大人は、小さな間違いに気付いて、大きな間違いを見落としている気がします。「裸の王様」の少年のような裸の眼で世界を見れば、きっと、この大きな間違いに気付けると思います。おかしいのは王様や大人たちであって、少年は、真実を見ています。市長の、これまでの動き方は、この石垣島を含む南西諸島の脅威を取り除くのではなく、その脅威をより大きくしているように見えます。それが意図的でない事を切に願います。遠近両眼的に現状を眺めても今、南西諸島において、隣国にファイティングポーズをとるようなまねは、シンプルに危ないと思います。有事に最初に狙われるのは軍用基地。ミサイルの巻き添えは、いやです。国益や国の専権事項のために死にたくないのは私だけではありません。そういった死に方や「目には目を、歯には歯を、ミサイルにはミサイルを。」という考え方はもう、時代遅れではないでしょうか?

私の農園の一角に特別な場所があります。2011年の11月23日に私たち夫婦はこの場所に高さ50㌢ほどの菩提(ぼだい)樹の小さな苗木を植えました。やがて、生まれる長女の誕生の記念樹として。長女は翌年の1月に無事に生まれました。(先月には次女が誕生しました。長女同様に記念植樹をしたいのですが、今はそんな状況ではありません。)小さかった長女と菩提樹は共にスクスクと育って、長女はことしで5歳になり、菩提樹も10㍍を超える高さの木になりました。その間、私たちは、季節の折々に菩提樹とまな娘の成長、家族の肖像を、この特別な場所で、たくさんの写真の中に記録しました。写真の中の私たちは、いつも笑っている。いま長女が農園に行くたびに、自分の木に会いに行き、大きくなっていく木を見て、「わたしの木、また大きくなったね。」と、いつも無邪気に笑っている姿がいとおしい。

この菩提樹の木が、もうすぐ「国の専権事項」という名前の巨大な重機によって一瞬のうちに、まるで、最初から、なかった木のようになぎ倒されようとしています。

(40代、男性、農業)

自衛隊から一方的に駐屯地予定地にされてしまった農民の新聞投稿(八重山毎日新聞・2017年6月)

２０１２年・２０１６年の二度に亘る自衛隊の石垣島・宮古島へのパトリオット（ＰＡＣ３）の展開訓練。位置的に「朝鮮脅威論」と全く関係がないにも関わらず、市民をミサイル部隊に慣らすために派遣（上）。石垣島を視察する山城博治さん。案内は「オバーの会」の山里節子さん（左）。

石垣港に停泊する海上保安庁の巡視船。石垣島港の軍事化を狙い、海自の寄港も増大している

第3章　急ピッチで駐屯地建設が進む宮古島

――要塞化する美ら《ちゅら》島での住民たちの抵抗

宮古島市長らの不在の中で強行された着工

２０１７年10月30日、宮古島市長を始め、市の行政の責任者らが全て不在の中、宮古島駐屯地（仮）の着工が強行された。自衛隊の宮古島配備計画の発表以来、多数の市民が市長への配備に関しての説明を求め、市主催の説明会開催を求めていたにも関わらず、市長・市当局は、結局、直接市民には自衛隊配備の説明を一切しなかったのだ。

宮古島の風景が一変し、市民の命に関わる自衛隊基地建設について、自治体が「防衛は国の専権事項だ」などとうそぶいて説明しない、ということは考えられない。もっとも、市長は市議会でわずかながら説明しているのだが、この内容も「専権事項」を繰り返すだけだ。

こうした、市当局不在のまま、写真に見るように、宮古島・

千代田地区での駐屯地工事が着工され、2018年7月現在、敷地の造成工事がほぼ完了し、現在では、駐屯地建築物の工事が始まっている。

大福地区の駐屯地予定地を撤回させた市民らのたたかい

しかし、この工事開始に至るまでに、宮古島市民・住民らは、激しい、様々な創意工夫したたたかいを創り出してきた。

もともと、防衛省は、宮古島駐屯地の配備計画では、宮古島の福山地区（大福牧場）と千代田カントリークラブの2カ所を提示してきた。

だが、宮古島の地形も、水事情も知らない防衛省・自衛隊は、ここで大きな敗退をしたのだ。それは、宮古島特有の島の成り立ちについての無知を晒してしまった。

沖縄の島々の地形は、大きく二つに分かれているようである。一つは石垣島・与那国島のように、山あり、川ありの地形に飛んだ島。もう一つは、山も川もほとんどない、平らな島。宮古島は、この平らな島であるが、宮古島特有の地形もある。それは、島全体が水がめのように形作られていることだ。

この島では、雨水の50パーセントほどが珊瑚礁の岩盤に蓄えられ、そこからの湧き水を利用して市民の生活・農業の水が供給されている。

島には、あちこちに、巨大なドームのような白い建物が聳え立つ。これが水を蓄えたファームポンド（47頁写真）であり、その周辺には宮古島特有の地下ダムが造られている（戦前、約3万人が駐屯した旧日本軍は、この地形を知らず飢餓以上に渇きに苦しんだ）。

下記の防衛省の、駐屯地配備予定図のように、島の北西に位置する福山地区には、巨大な駐屯地が出来るはずであった。しかし、市民らの、学者・専門家も巻き込んだ「水問題」をめぐるたたかいの中で、ついに宮古島市は、防衛省へ中止要請を出し、同省もこれを断念したのだ（この大福案の中の、巨大な「貯蔵庫地区」に注意）。

南西シフト態勢の司令部とされる宮古島

防衛省・自衛隊の宮古島駐屯地の配備計画では、同島が南西シフトの司令部として、また、その「島嶼防衛戦」の軍事拠点として想定されている。

例えば、右に見る「貯蔵庫」は、同図にあるグラウンドと比較すると、おおよその大きさが分かるが、単なる貯蔵

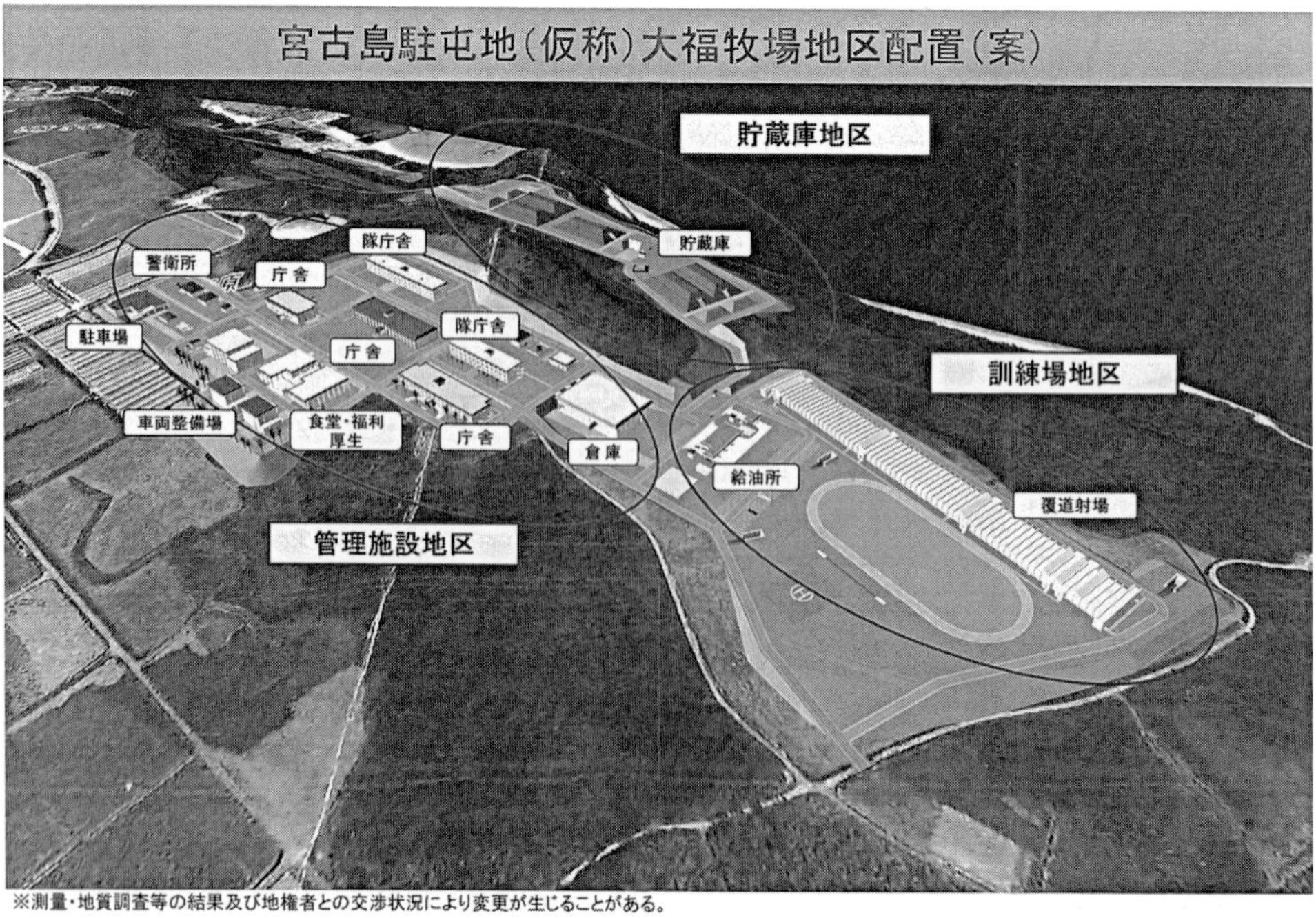
宮古島駐屯地（仮称）大福牧場地区配置（案）
貯蔵庫地区
隊庁舎
貯蔵庫
警衛所
庁舎
駐車場
隊庁舎
庁舎
訓練場地区
車両整備場
食堂・福利厚生
庁舎
倉庫
給油所
覆道射場
管理施設地区
※測量・地質調査等の結果及び地権者との交渉状況により変更が生じることがある。

宮古島を戦場にしないで
陸上自衛隊
ミサイル基地いらない!
注 入場出来ません!!

庫ではない。いわゆる、事前集積拠点で最前線の兵站拠点だ。つまり、先島―南西諸島での「島嶼防衛戦」の、武器・弾薬・燃料・食糧など山のような兵站物資の補給拠点ということだ（千代田地区の「倉庫」は集積拠点）。

イラク戦争では、米軍が同地へ補給した兵站物資は、ミサイルからアイスクリームまで１００万点にのぼったといわれるが、軍隊が戦争をするには、そのくらいの物資が必要とされるということだ。

宮古島に対艦・対空ミサイル部隊配備は可能か？

しかし、この巨大物資を集積することもそうだが、防衛省・自衛隊の計画にある、宮古島への対艦・対空ミサイル部隊（地対艦ミサイル1個中隊・発射機4基、ミサイル弾体30発、地対空ミサイル1個中隊・ミサイル発射機3基、24発）の配備については、大いに疑問がある（宮古島配備部隊は、以上のミサイル部隊約２５０人の他、司令部、警備部隊５５０人の約８００人）。

それは、すでに見てきた宮古島の地形からして、この「平時配備」のミサイル部隊でさえ、どこに配置し、どこに隠蔽するのか、というシンプルな疑問が生まれる。

すでに、石垣島のミサイル部隊に関して述べてきたが、

南西地域における警備部隊等の概要【宮古島】
■ 宮古島の主な選定理由
○ 宮古島には約４万８千人と多くの住民が暮らしているものの、陸自部隊が配備されておらず、島嶼防衛や大規模災害など各種事態において自衛隊として適切に対応できる体制が十分には整備されていない。
○ 宮古島は部隊を配置できる十分な地積を有しており、島内に空港や港湾等も整備されていることから、南西諸島における各種事態への対処における部隊の連絡・中継拠点として、また災害対処における救援拠点として活用しうる。
○ 隊員やその家族を受入れ可能な生活インフラが十分に整備されている。
■ 予算関係
○ 平成２８年度予算においては、用地取得、基本検討、敷地造成等に係る経費として約１０８億円が認められた。
■配置先候補地など
大福牧場
千代田カントリークラブ
(※)グーグルマップに防衛省加筆
これら候補地に隊庁舎、グラウンド、火薬庫、訓練場等を整備することを念頭に置いているところ
(※)写真はイメージ
隊庁舎
グラウンド
火薬庫
訓練場
■主な部隊の概要
警備部隊
地対空ミサイル部隊
地対艦ミサイル部隊
隊員規模は700～800人程度
5

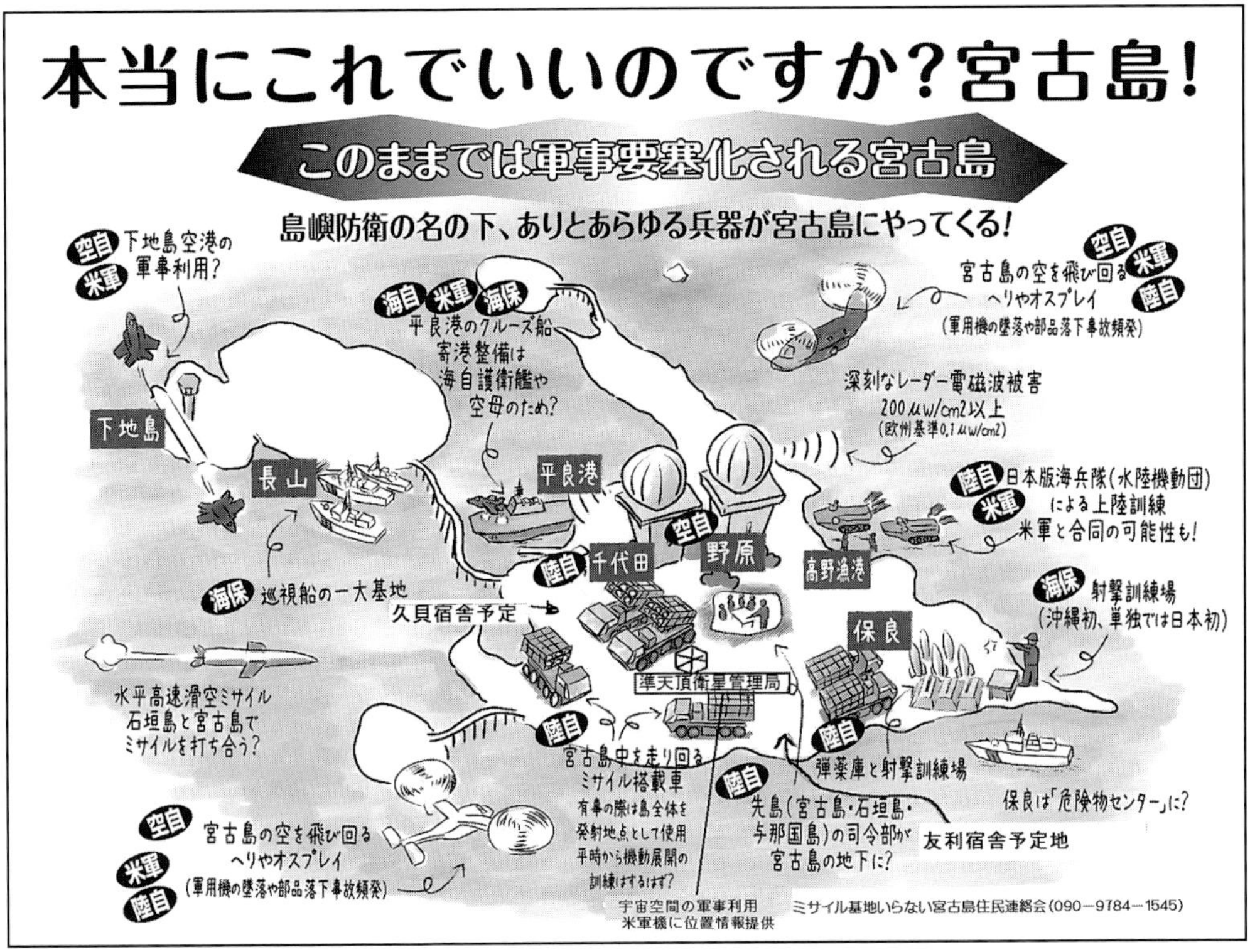

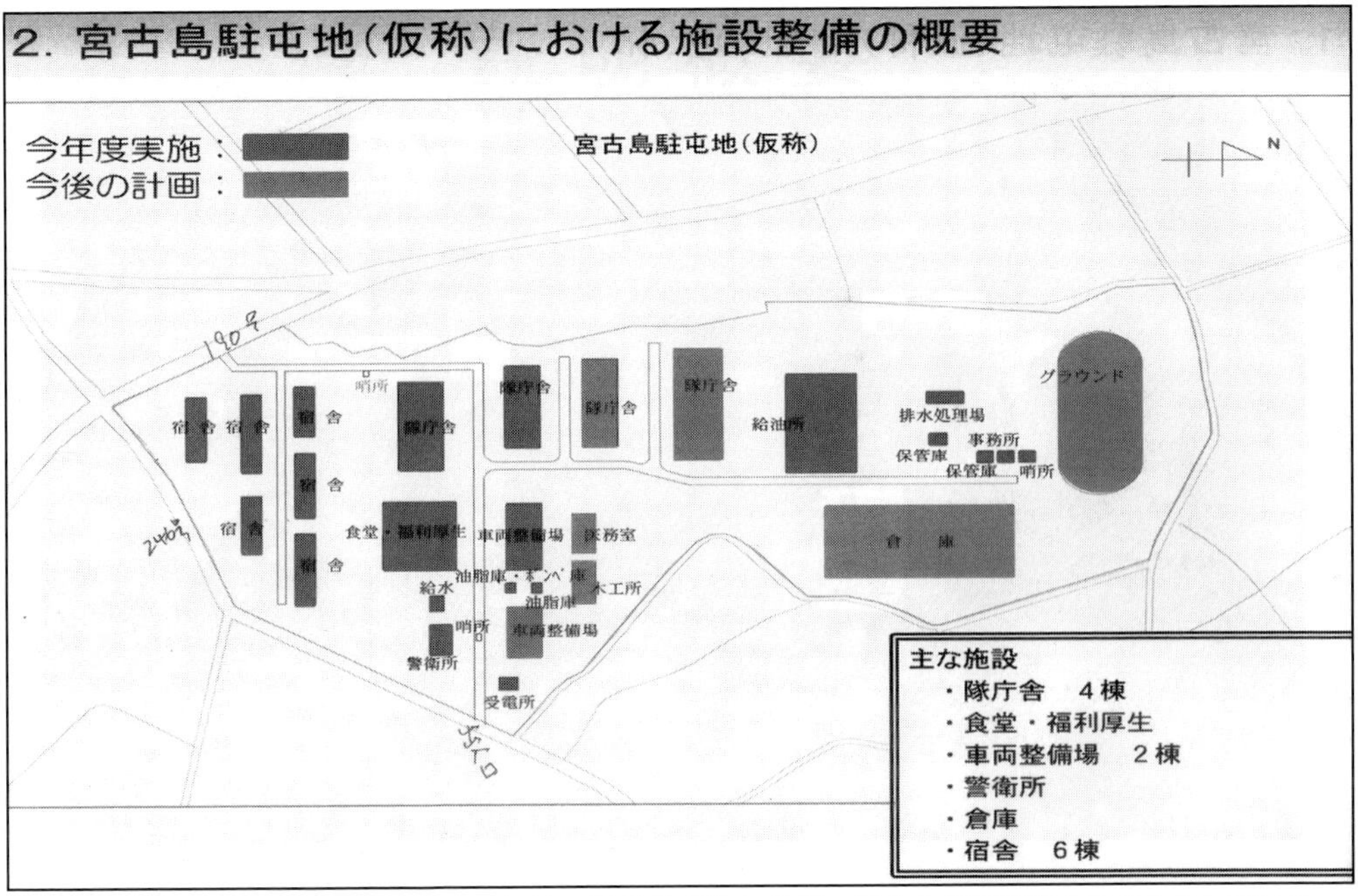

千代田カントリーに予定の駐屯地には、図を見て分かるが、巨大な倉庫が作られようとしている（400メートルグラウンドと比較）。大福案にあった「貯蔵庫」（事前集積拠点）であることは間違いない。防衛省の最新発表では、宮古島などに兵站施設を作ると発表。つまり、これは防衛省説明会でも説明されていない新たな部隊配備だ。これらが住民にも隠されている。

自衛隊制服組の研究でも、ミサイル部隊の生き残りのためには「抗堪性《こうたん》」の必要が強く主張されている。

しかし、山も谷もなく、島全体が水がめのような地形の場所に、どのようにして、地下道・トンネルなどの掩体壕を造ろうというのか。もし、この工事を強行すれば、明らかに島の命の水源が破壊され、汚染され、枯渇していく。

筆者には、宮古島での司令部造りにしても、ミサイル部隊配備にしても、単に旧日本軍を踏襲しているだけに見える。要は、旧日本軍が宮古島に、先島の司令部を置いたから置くというだけだ。

宮古島・保良地区への弾薬庫設置

さて、島の福山地区（大福牧場）への駐屯地建設が破綻した防衛省は、2018年1月、同島の保良《ぼら》地区（鉱山跡）に弾薬庫、射撃場などを設置すると発表した。そして、それに向かって、今、住民への執拗な説得工作が始まっている。

しかし、下記・次頁を見れば、一見明白だが、発表された保良鉱山跡は、住民居住地まで、わずか200メートルもない距離にある。防衛省整備計画局の通達「自衛隊の火薬類貯蔵及び取扱施設設計基準について（通知）」においてさえ、火薬庫については、あらかじめ充分な「保安距離」をとらねばならず、例えば「貯蔵爆薬量」40トンでは、住宅地まで550メートルの距離をとることを明記している。

上は、保良地区の航空写真、下は防衛省が発表した弾薬庫地区の計画図

だが、こういう通達を出していながら、実際の弾薬庫の設置基準については、「自衛隊は適用除外」と公言するのだ（宮古島での防衛省説明会）。

言うまでもなく、「本土」で、このような住民居住区に近い場所に置かれる弾薬庫はない。しかも、収容する弾薬はミサイル弾体というもっとも危険なものである。これが今始まっている、宮古島への基地建設の実態である。

下地島空港を狙う自衛隊と米軍

下地島空港は、現在、宮古島とは伊良部大橋で直接繋がる。宮古島の北西の位置にあり、写真のように3千メートルの滑走路をもつ民間空港だ。

もともと、民間パイロット養成のために造られた空港（1971年「屋良覚え書き」で民間に限定使用）だが、今ではその機能を失い、新たな使用法が模索されている。

ここに目をつけたのが、自衛隊と米軍だ。後述する、南西諸島の民間空港の軍事使用についての最初の候補地は、この空港になることは必至だ。しかし、空港のある伊良部の住民らは、かつて、こうした空港の軍事利用の策動に対し、幾度も阻んできたのだ。

宮古島・石垣島に設置された「準天頂衛星システム」のドーム。GPSを補い、数センチ単位で地上を判別する。自衛隊の地対艦ミサイルなどの誘導にも使用される

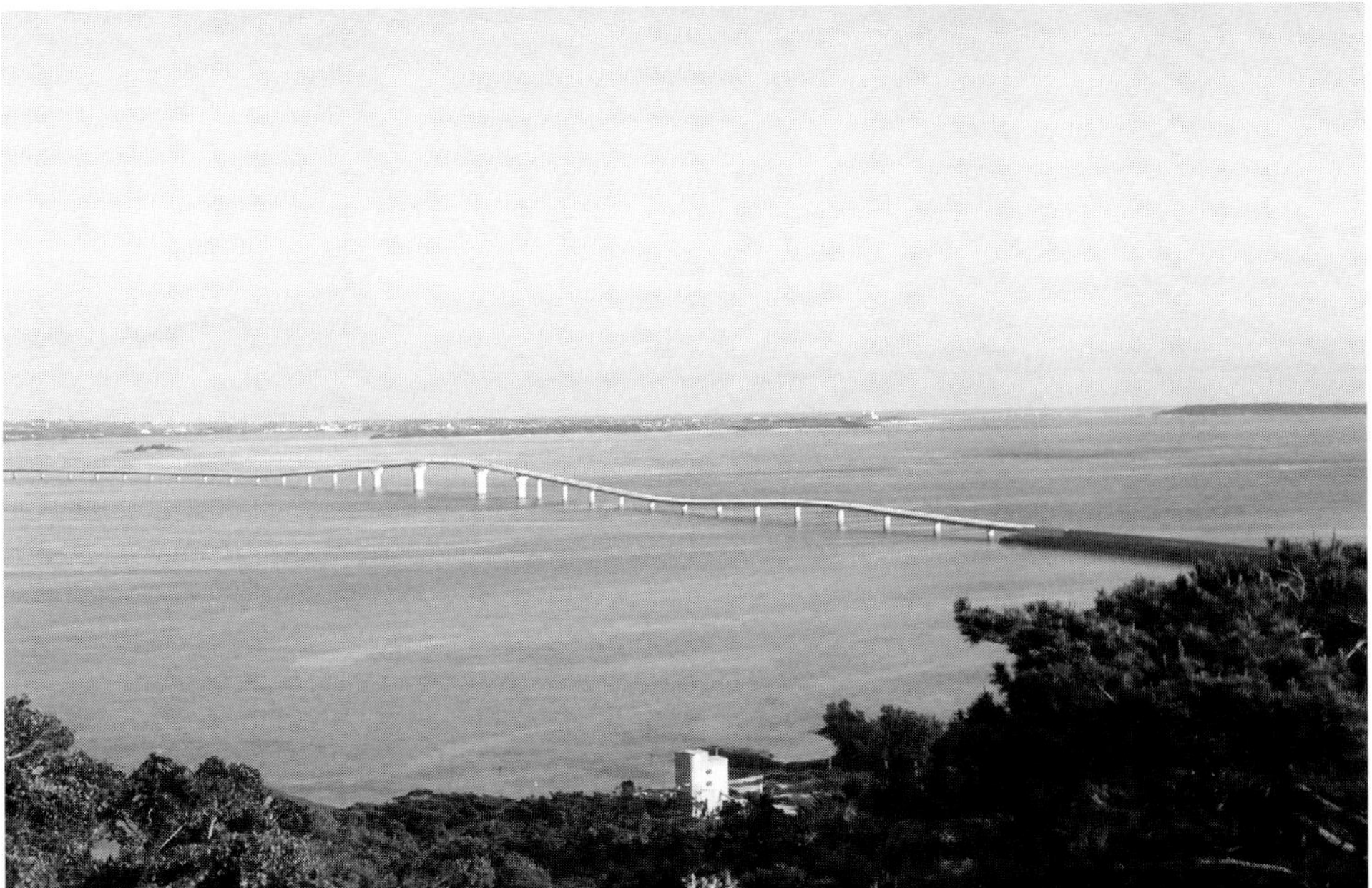

巨大化した宮古島レーダーサイト

後述するが、宮古島を初めとする自衛隊の南西シフト態勢は、すでに10年前から起動している。その象徴ともいうべきものが、2009年から宮古島レーダーサイトに配備された、対中国用の電波傍受装置だ（写真下の低い位置にある二つの丸いドーム）。

また、陸自の基地建設開始の昨年の秋には、新型のレーダーJ／FPS7も完成している（短距離用・長距離用の二つ）。新型レーダーは、探知距離500キロの、対弾道ミサイルの探知・管制も可能だ。

問題は、この強力な電波を発射しているレーダー基地と住宅地との距離だ。レーダー基地は、高さ約100メートル余りの野原岳に設置されているが、その真下の、道路を隔てたわずか数十メートルの場所には、住宅地が広がっているのだ（次頁上）。

筆者は、レーダーサイトの勤務経験があるが、ほとんどのレーダーサイトは、千メートル級の山頂に設置されており、住宅地との距離も、5キロ、10キロと離れた場所にある。

宮古島の住民らは、次頁の図にあるように、専門家の協力を得て、同レーダーサイトからの電磁波測

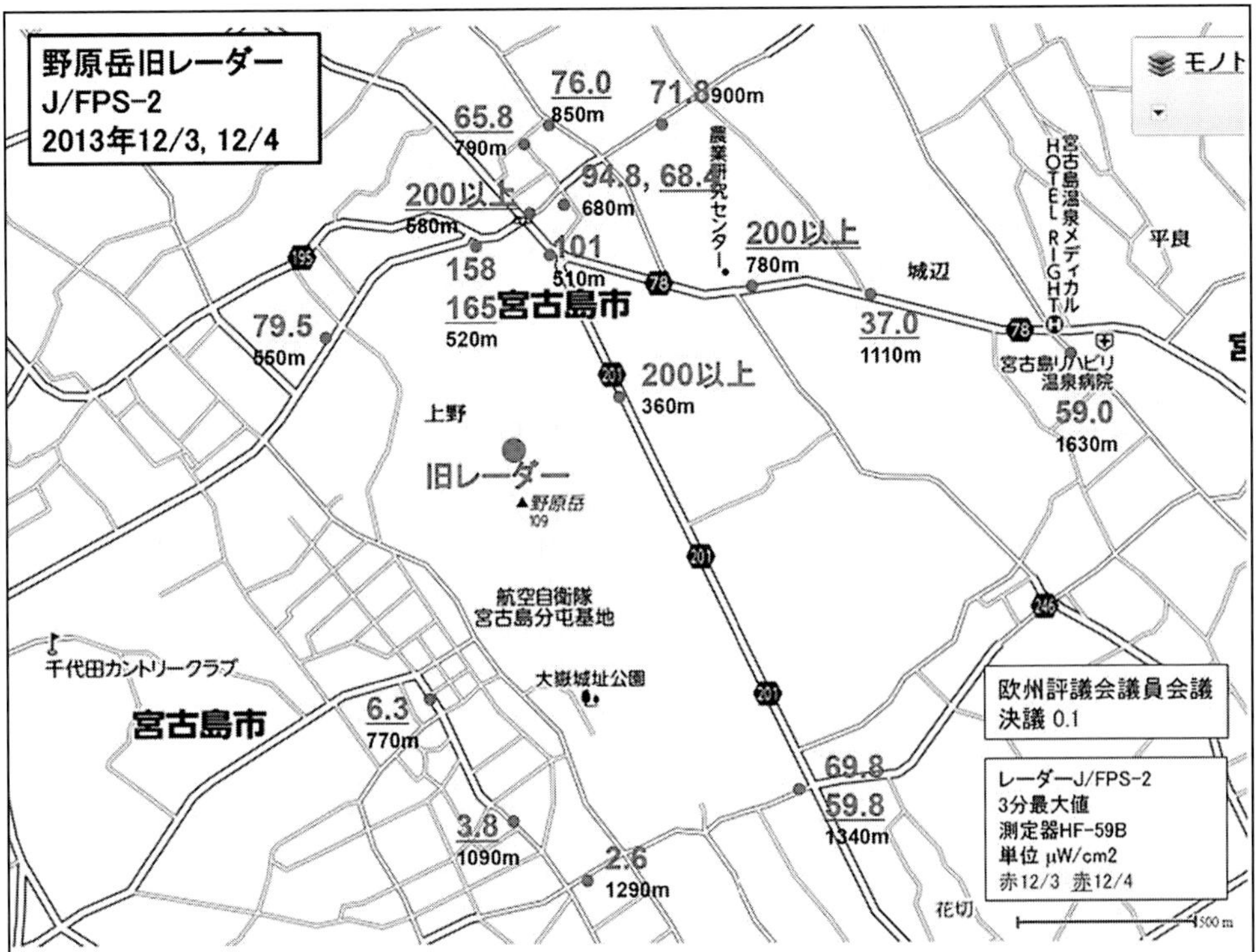
野原岳旧レーダー
J/FPS-2
2013年12/3, 12/4
モノト
76.0
850m
71.8
900m
65.8
790m
94.8, 68.4
680m
200以上
580m
農業研究センター
200以上
780m
101
510m
158
165
520m
宮古島市
城辺
宮古島温泉メディカルHOTEL RIGHT
平良
79.5
550m
37.0
1110m
200以上
360m
宮古島リハビリ温泉病院
59.0
1630m
上野
旧レーダー
野原岳
109
航空自衛隊
宮古島分屯基地
千代田カントリークラブ
大嶽城址公園
宮古島市
6.3
770m
欧州評議会議員会議
決議 0.1
69.8
59.8
1340m
レーダーJ/FPS-2
3分最大値
測定器HF-59B
単位 μW/cm2
赤12/3 赤12/4
3.8
1090m
2.6
1290m
花切
500 m

定を行ったが、電磁波測定器の針が振り切れるほどの電波が発射されていることが証明された。

この電磁波の危険性については、すでに国際機関などでは証明されているが、自衛隊・政府は、未だにその危険性を市民に告知しないばかりか、何の対策もとっていない。筆者ら、レーダーサイト勤務者自身が、電波の発射正面には、絶対立たないように教えられてきた。

しかし、宮古島・野原地区の住民らは、今なお、防衛省はもとより、行政の何らの対策のないまま、電波に晒され続けているのだ。

宮古島駐屯地（仮）前での毎朝のスタンディング

昨年から始められた、駐屯地工事の着工という状況の中、宮古島の住民らは、毎朝、その工事現場に立ち、工事の中止を求め、たたかっている（頁左）。時には、全国からの応援も来るが、率直に言って少数の行動になっている。

だが、これは宮古島住民が自衛隊配備を認めたということではない。巨大な国家権力、自衛隊という権力の前で、既成事実として工事が強行されているだけだ。

何よりも、この地で、このような巨大な基地造りが、対中国を睨んで行われていることを、全国の人々、反戦平和

NO!
未来に遺そう
基地のない平和な石垣島
止めよう

陸上自衛隊

を求める人々さえ、知らないし、知らされていない。

住民らは、石垣島・宮古島の有志で、沖縄県庁に「自衛隊配備工事中止」を求めて請願を行ったり（44頁写真）、下に掲載されているように、防衛省本省との行政交渉を行い、自衛隊配備の問題を突きつけた行動も行っている（筆者も専門的助言を行うために参加）。

この困難に立ち向かうには、問題は、やはりマスメディアの報道規制を打開し、この先島―南西諸島への自衛隊配備の実態を全国に知らせることだ。

＊頁左上の写真は、宮古島に設置されている6カ所の「ファームポンド」の一つ。これは、標高の高い位置に設置され、汲み上げられた水を一時的に貯水する農業用施設。畑に設置されているバルブを開くと、高低差によって散水されるしくみ。
＊頁左下は、宮古島での機動展開訓練のために配備された地対艦ミサイル部隊（２０１４年）。野原のレーダーサイトに展開した。これは、自衛隊専用民間船舶「ナッチャンＷｏｒｌｄ」で、平良港に陸揚げされた（後述）。

なかやすみ商店

第4章　軍事要塞に変貌する奄美大島

——陸海空の巨大基地が建設される！

「薩南諸島は重大な後方支援拠点」と明記する自衛隊文書

奄美大島の自衛隊駐屯地建設で驚くのは、その基地の巨大さだ。名瀬港に近い、旧ゴルフ場の跡地（大熊地区）に造られている奄美駐屯地（仮）の広さは、30ヘクタール（写真参照）。これは、地対空ミサイル部隊・警備部隊約３５０人規模の施設ではない。連隊規模の駐屯地、いや、それ以上の大部隊の駐屯（兵站基地など）を予定していると言えよう。

２０１６年6月から始まった駐屯地造成工事は、奄美の島民にほとんど説明らしい説明もないまま、急ピッチで開始された。

市主催の、自衛隊配備に関する説明会は、大熊地区、瀬戸内町ともわずか1回のみ。反対する住民らは、何度も市議会・市当局に、市民全体への説明会開催を求めているが、ここまで工事が進んでも、一向に開催する気配すらないのだ。

要するに、防衛省も、市当局も、基地誘致派が多数だから、説明の必要はなし、としているのである。

実際、奄美大島への自衛隊配備計画は、２０１２年ころから、「島民からの誘致」という形で始まった。２０１４年７月には、奄美市議会は、「奄美市への陸上自衛隊配備を求める意見書」を採択し、防衛省に陳情する（『標的の島』社会批評社刊、城村典文論文）。

ところで、後述する２０１２年の統合幕僚監部「日米の『動的防衛協力』について」という、南西シフト態勢についての策定文書は、先島諸島への対艦・対空ミサイル部隊配備の記述がないと同様、奄美への部隊配備についても一切記述がない。

その奄美配備についての初めての記述は、次々頁掲載の「**奄美大島等の薩南諸島の防衛上の意義について**」（２０１２年夏頃に作成された防衛省文書）である。それには「南西地域における事態生起時、後方支援物資の南西地域への輸送所要は莫大になることが予想」「薩南諸島は自衛隊運用上の重大な後方支援拠点」「薩南諸島は、陸自への運用上、重要な中継拠点」と明記されている（51頁図）。

この文書作成以後、２０１４年には防衛副大臣が奄美を訪問、また同年「奄美市の誘致陳情」、そして、２０１５年には駐屯地用地取得費計上と、急激な勢いで基地建設が始まったのだ。

つまり、この奄美大島への自衛隊配備問題が示しているのは、自衛隊が当初計画した南西シフト態勢は、先島――奄美への「自衛隊新配備」ということから凄まじい困難が予想され、あらかじめ対艦・対空ミサイル部隊配備や、奄美大島への配備を含む先島―南西諸島への大規模配備を、想定していなかったということだ。しかし、一旦、配備が強行された場合、自衛隊の増強・拡大は一挙に進むということがここには表れている。

対艦・対空ミサイル部隊配備も知らない住民ら

こうして、一旦決められた奄美大島への駐屯地造りは、住民らが驚くほど急激に始まった。住民全体への説明もなく、配備計画の全体までもが示されないまま、着々と進んだのだ。

実際、今でもほとんどの奄美大島の住民らは、対艦・対空ミサイル部隊の配備は知らなかった、というのである。もう一つ、具体的資料を示そう。

57頁に掲載した陸自の対艦・対空ミサイル部隊の運用図は、石垣島・宮古島はもとより、国会でも正確な説明がなされたかったものだ。この島中を対艦・対空ミサイル部隊が、移動し、発射するという運用図を、奄美・大熊の説明会では、何とパワーポイントでチラッと見せただけなのだ。たぶん、チラッと見ただけの人々は、何のことか意味がつかめなかっただろうと思う。

この全文は、筆者が熊本防衛局に情報公開請求した「奄美大島への部隊配備について」（熊本防衛局、２０１６年６月）という文書にあるが、このミサイル部隊運用図は、文書としてはついに奄美住民らには公開されなかったのだ。

次から次に新部隊の配備が発表される奄美

奄美大島等の薩南諸島の防衛上の意義について

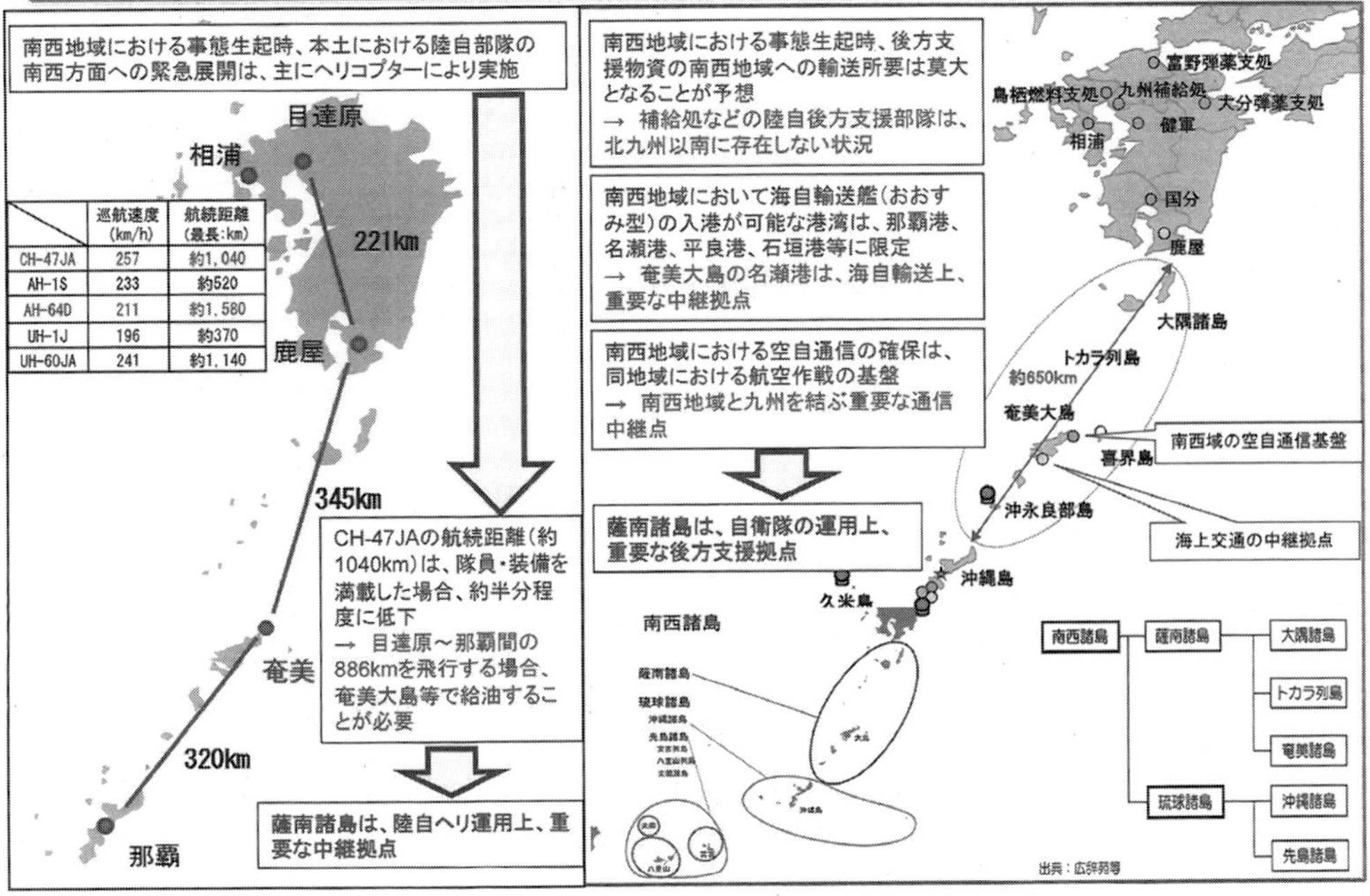

さらに、驚くべきことに、奄美大島の住民動向を軽視したのか、同島には次から次に自衛隊の新部隊の配備が発表されている。陸自の警備部隊、対艦・対空ミサイル部隊の2カ所だけでなく、空自の移動警戒隊の配備が２０１７年度予算に組みまれた。

この空自移動警戒隊は、言うまでもなく陸自対艦・対空ミサイル部隊との統合運用として使用されることになる。つまり、対艦・対空ミサイル部隊の最大の弱点は、部隊が搭載する、探知・誘導などのレーダーが、近距離でしか有効ではないということだ。この弱点を補うには、空自のレーダーサイトや海自・対潜哨戒機との連携――統合運用が必要になる。

そして、防衛省は、新たに空自通信施設（湯湾岳）の設置を発表した。奄美大島には、すでに、沖縄―本土間を結ぶ空自通信施設が設置されているが（約30人規模）、これにプラスして、新たな通信施設を造るという（「本土・沖縄間の通信中継強化」）。

問題は、この奄美大島に見るのは、ひとたび自衛隊配備がなされた場合、その部隊の増強はもとより、次々に新部隊の配備が行われることになるということだ。

奄美大島の住民らは、奄美本島と加計呂麻島との間の大島海峡に位置する古仁屋港の軍港化を憂えているが、住民の厳しい批判がない限り、これは現実化する可能性が高い。なぜなら、この周辺の地形は、リアス式海岸で大小多数の湾入があり、旧日本海軍の拠点でもあったからだ。

つまり、奄美大島は、「島嶼防衛戦」の後方支援拠点、先島などの機動展開の拠点としても位置付けられているが、このためには巨大な埠頭＝軍港を必要とするからだ。

奄美大島への自衛隊配備の全容

熊本防衛局作成文書には、奄美大島への部隊配備の全容が示されているが、これはまだ、空白の新部隊配備前の概図である。しかし、この概図には重大な内容が示されている。「統合演習場の実施範囲」として明記されている江仁屋離島《えにやばなれじま》についてである（下図・次頁の防衛省文書）。

大島海峡の入り江にあたるこの無人島は、すでに幾度か水陸機動団（発足前）などの上陸演習が行われているが、島の人々もこの島が一方的に統合演習場として指定されていることを、全く知らされていない。

筆者はこの件について、本年1月の「政府交渉」で、防衛省に「東富士演習場など、演習場以外の土地などについては地元関係者との『使用協定』が締結されているが、奄美大島についてては結ばれているのか」と質問した。だが、この使用協定という問題自体、防衛省役人は「初めて聞いたので知りません」と返答するのみであった（頁左下は、江仁屋離島での訓練を通知する防衛省内文書）。

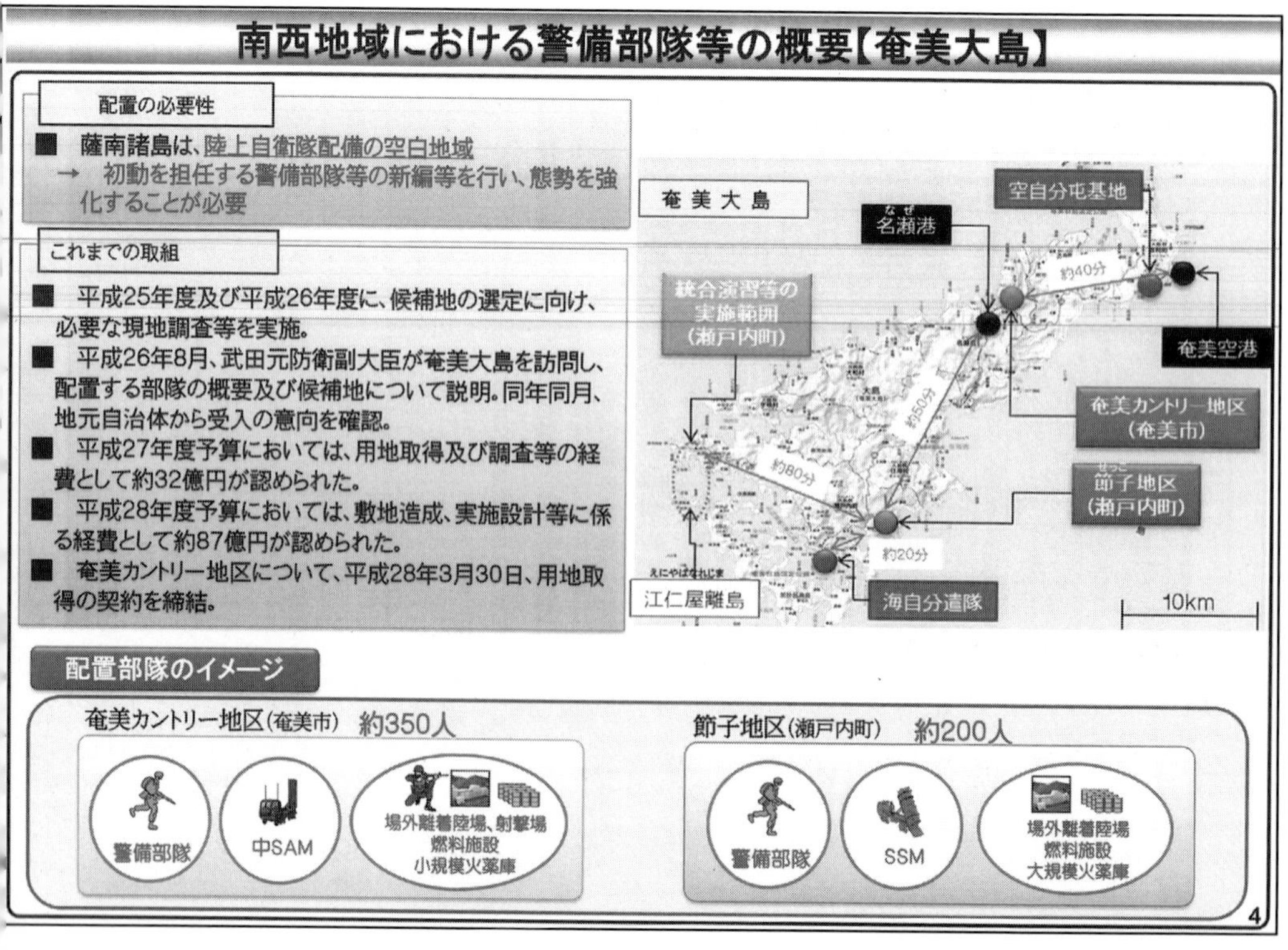
南西地域における警備部隊等の概要【奄美大島】
配置の必要性
■ 薩南諸島は、陸上自衛隊配備の空白地域
→ 初動を担任する警備部隊等の新編等を行い、態勢を強化することが必要
これまでの取組
■ 平成25年度及び平成26年度に、候補地の選定に向け、必要な現地調査等を実施。
■ 平成26年8月、武田元防衛副大臣が奄美大島を訪問し、配置する部隊の概要及び候補地について説明。同年同月、地元自治体から受入の意向を確認。
■ 平成27年度予算においては、用地取得及び調査等の経費として約32億円が認められた。
■ 平成28年度予算においては、敷地造成、実施設計等に係る経費として約87億円が認められた。
■ 奄美カントリー地区について、平成28年3月30日、用地取得の契約を締結。
奄美大島
空自分屯基地
名瀬《なぜ》港
約40分
統合演習等の実施範囲（瀬戸内町）
奄美空港
約50分
奄美カントリー地区（奄美市）
約80分
節子《せっこ》地区（瀬戸内町）
約20分
江仁屋離島《えにやばなれじま》
海自分遣隊
10km
配置部隊のイメージ
奄美カントリー地区（奄美市） 約350人
警備部隊
中SAM
場外離着陸場、射撃場
燃料施設
小規模火薬庫
節子地区（瀬戸内町） 約200人
警備部隊
SSM
場外離着陸場
燃料施設
大規模火薬庫
4

奄美（江仁屋離島等）での訓練

1　訓練名　　**国内における統合訓練（実動訓練）**

2　訓練目的　**島しょ防衛に係る自衛隊の統合運用要領**を演練し、その能力の維持・向上を図る。

3　実施時期　平成26年5月10日（土）～27日（火）
【江仁屋離島:5月18日（日）～23日（金）、瀬戸内町西古見地区:5月16日（金）～25日（日）】

4　実施場所　佐世保基地、奄美群島及び沖縄東方海空域
【奄美群島の江仁屋離島、瀬戸内町西古見地区等で実施】
※奄美空港、海上自衛隊奄美分遣隊にも部隊が展開予定

5　訓練内容　着上陸訓練、統合火力誘導訓練、物資搭載・卸下訓練
【奄美では、着上陸訓練（上陸訓練、情報収集訓練）を実施】

実施場所・訓練内容

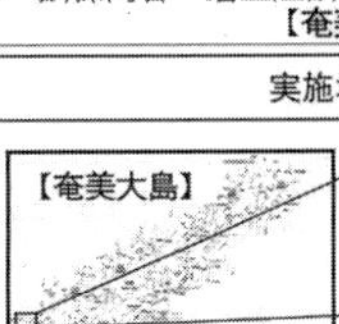

【瀬戸内町西古見地区等】
・無人機による情報収集訓練
（5月16日～25日）

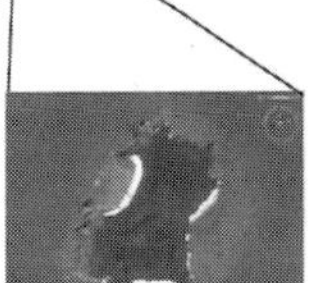

【江仁屋離島】

日時	江仁屋離島での訓練内容
18日 19日	1　ボート、ヘリコプターによる上陸訓練（LCACは航走訓練を実施） 2　部隊展開訓練 3　物資、人員輸送等
20日 21日	訓練準備
22日 23日	18日～19日と同様の訓練

着上陸訓練のイメージ

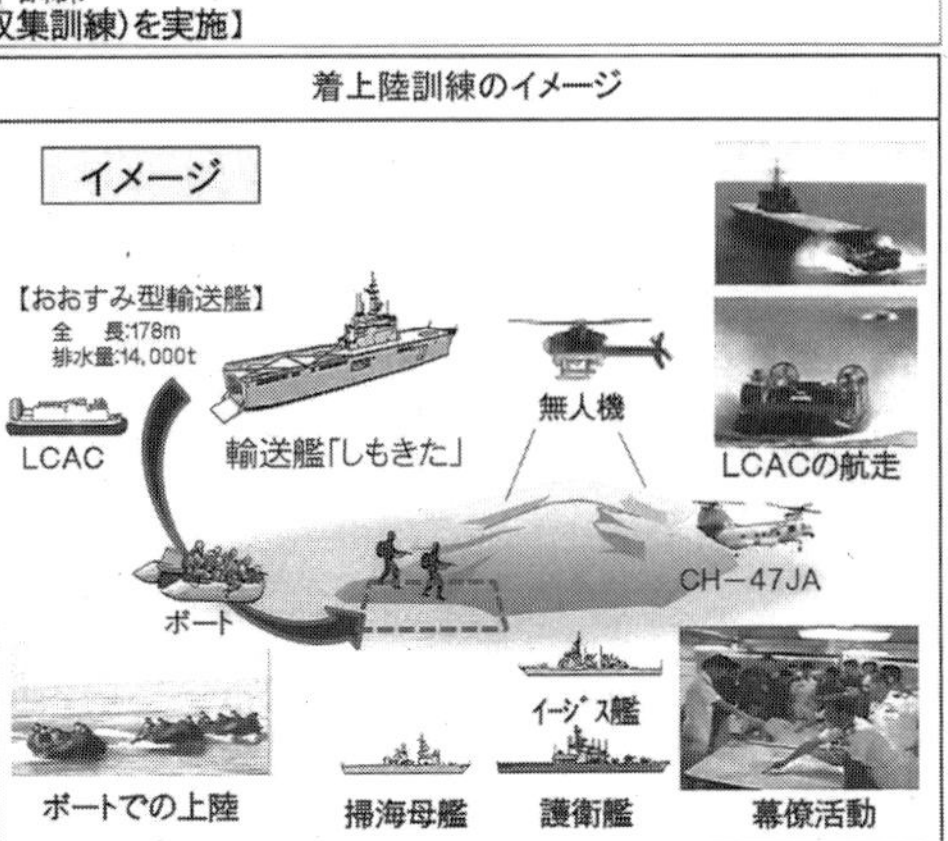

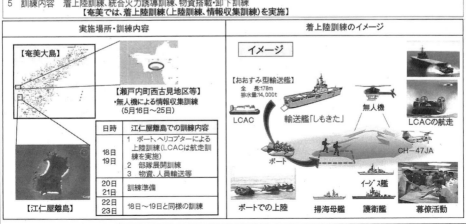

地対艦ミサイル部隊・巨大弾薬庫が 設置される瀬戸内町

その大島海峡の、瀬戸内町の山間部に配備される予定の部隊が、地対艦ミサイル部隊であり、警備部隊だ（節子A地区、写真下、次頁写真上の右の造成地）。

敷地面積28ヘクタールというその広大な場所には、同部隊とともに「大規模火薬庫」も設置される（節子B地区、次頁写真上の左の細長い造成地、次頁下）。

この節子地区配備の部隊は、防衛省発表では約200人としているが、間違いなくその規模は拡大されていく。

57頁には、その瀬戸内に予定の駐屯地（仮称・奄美駐屯地瀬戸内分屯地）の概略図を示しているが、山頂を切り開き、その頂上近くに駐屯地が建設されようとしている。

だが、こんな中国軍のミサイル攻撃の絶好の標的になる地点に、地対艦ミサイル部隊が常時、張り付く訳はあるまい。57頁の、対艦・対空ミサイル部隊の運用図のように、ミサイル部隊は島中を移動し展開するのだ。したがって、その大規模火薬庫も、山中に深く掘られ、造られていくのである。

世界自然遺産に登録申請した奄美大島！

この山々を無残にも切り崩し、破壊して造られようとしている自衛隊基地――。読者は信じられるだろうか。政府は、この奄美大島を沖縄北部地域などとともに世界自然遺産に登録申請したのだ！

政府役人にしても、奄美大島の行政にしても、良識が根本から欠如しているようだ。これほどの自然破壊を推し進めておいてだ。

実際に、例えば、この瀬戸内町節子地区は、島の天然記念物アマミノクロウサギの重大な生息地である。クロウサギは、環境省によると絶滅危惧ＩＢ類に指定されている。

繰り返すが、この場所に配備される地対艦ミサイル部隊は、車載の移動式ミサイルであり、部隊を偽装し隠蔽するために、島中を移動する。しかも、上空からの攻撃を避けるためには、もっぱら夜間移動作戦が展開される。夜間といえば、クロウサギがもっとも活動する時間帯だ。

現地を訪れると、自衛隊はクロウサギ対策用の小さな柵を敷地周辺に設けていることが分かるが、こんな柵でクロウサギの行動、自衛隊車両による事故を防げるわけがない。

知床自然遺産は、旅行者が半島に立ち入ること、その立ち入るコースにも制限を設けているが、ここまで島を破壊して自然遺産申請とは、何という人々だろうか。当然ながら、この世界自然遺産登録は失敗し、政府は「推薦取り下げ、延期」を発表している。

質問 駐屯地(瀬戸内町節子地区)にはどのような施設が出来るのですか。

駐屯地(瀬戸内町節子地区)については、警備部隊及び地対艦誘導弾部隊の隊員が勤務する庁舎や、独身の隊員が生活する隊舎、整備工場等を整備する予定であり、この他に体育館やグランドなども整備する予定です。

質問 中距離地対空誘導弾(中SAM)・地対艦誘導弾(SSM)とはどのようなものですか。

②中距離地対空誘導弾(中SAM)
陸上自衛隊の特科(高射)部隊に装備され、重要地域の防空を行うために使用されます。

③地対艦誘導弾(SSM)
陸上自衛隊の特科(野戦)部隊に装備され、島嶼部に対する侵攻を可能な限り洋上において阻止するために使用されます。

中距離地対空誘導弾(中SAM)の部隊運用イメージ

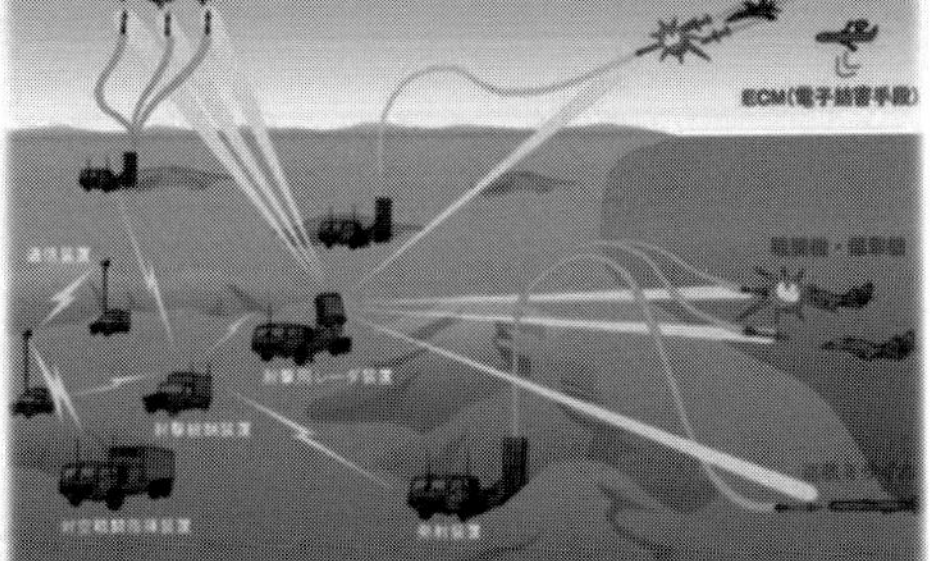

地対艦誘導弾(SSM)の部隊運用イメージ

奄美大島を蹂躙する「生地訓練」という市街地訓練

江仁屋離島について、住民の同意も得ず、勝手に演習場に組み込み、すでに演習が行われている状況を記述したが、さらに驚くべきことは、奄美大島では遙か以前から市街地での演習が常態化していることだ。

筆者は、２０１７年11月、奄美大島を視察し、地元の関係者らと交流する機会を得た。その最初の日に案内されたのが、左頁の「奄美市太陽が丘総合運動公園」であった。モノクロ写真では判明しにくいが、この公園の一角には、陸自の特科部隊が偽装して展開していた。周辺には、車両の大部隊も公園を占拠するかのように展開。

いや、島の至るところに自衛隊部隊が展開し演習を行っていたのだ。下の写真は、瀬戸内町古仁屋港に展開し、訓練を行っている94式水際地雷施設装置だ。要するに、敵の上陸に備えて、水際に機雷をばらまく水陸両用車である。

この奄美大島での演習は、陸自西部方面隊が、数年前から行っている「鎮西演習」の一環である。この演習では、先島―南西諸島への機動展開のために、北海道や本州・九

州から、戦車・対艦・対空ミサイル部隊などの大部隊が動員されるのだ。「鎮西29」では、約1万4千人、戦車を含む車両3千800両、航空機約60機が動員されている（陸上幕僚監部発表）。

もちろん、機動展開演習ばかりだけでなく、奄美周辺では実際の島嶼上陸訓練、艦砲射撃を含む着上陸演習も行われているのだ（2013年「自衛隊統合演習」、2014年「平成28年度自衛隊統合演習・島嶼防衛演習」など）。

ゲリラ対処による市街地の検問

「生地訓練」とは、陸自教範の『対ゲリラ・コマンドウ作戦』で初めて規定された市街地訓練のことである。自衛隊独特の用語だ。

自衛隊の市街地への展開は、市の運動公園、港に展開した部隊だけではなかった。次頁写真に見るように、名瀬港には、陸自の検問所が設置され、そこの部隊車両には、「近接戦闘隊形」をとった隊員らの警戒態勢がとられていた。

「本土」では考えられない軍事態勢が、当然のように敷かれているのだ。これが、自衛隊配備を受け入れた島の現実だ（先の政府交渉で防衛省は生地訓練も知らなかった）。

太陽が丘総合運動公園に駐屯する隊員たち

検
問
所

苦闘してたたかう奄美の島民

この厳しい状況にも関わらず、島民たちは、孤立しながらもたたかい続けている。２０１７年11月には、敗れたとは言え、自衛隊基地建設の反対候補が市長選に立ち健闘（前回は民主勢力の立候補はできず）、「本土」からも応援に駆けつける人士が現れた。

また、「戦争のための自衛隊配備に反対する奄美ネット」の人々は、自衛隊基地の差し止め訴訟を提起し、裁判でもたたかっている（写真下。仮処分は却下）。

名瀬市の最大の繁華街「憲法九条広場」（市民ひろば）では、絶え間なく自衛隊基地建設反対の行動が呼びかけられている（次頁上、下はそのひろばに現れた「ピンクレンジャー」、子どもたちに人気）。

奄美大島の厳しさの根本的要因は、繰り返してきたように、「本土」のマスメディア、反戦平和を願う人々の無関心にある。奄美の人々を、いつまでも孤立させてはならない。この奄美大島の基地建設の、戦慄する実態、常態化する市街地訓練――生地訓練の実態を全国に知らせよう！

奄美大島・名瀬市の最大の繁華街の入口には、住民の一人が土地を提供して、いつでも街頭宣伝などが出来る「市民ひろば」が創られた。そのひろばの壁には、憲法第９条を守ろうという大看板が設置されている。写真上は、奄美のミサイル基地化に反対する住民らのスタンディング。写真下は、「奄美ツアー＆アクション」として、筆者とともに当地を訪れたピンク・レンジャー

奄美大島で初めての「本土」からの反対行動

2017年11月初め、駐屯地工事が急速に進む大熊地区、瀬戸内地区に対し、「本土」からの初めての反対行動が始まった。筆者も同行したが、この行動は建設現場での初めての行動でもあった。

実際、すでに見てきたように、奄美大島の基地建設現場は、市街地から離れた山の中で進行している。したがって、島の人々さえも、実際の工事現場は、ほとんど見る機会がないのだ。

工事車両の多さや、島外の関係者の繁華街の消費で目に付くだけかも知れない。つまり、奄美の現地メディアが報じない限り、島の住民でさえ、このような巨大基地造りが進行していることを知らない、知らされないのだ。

ぜひとも、全国から駆けつけよう！（写真下は、奄美の催しを報じる奄美新聞。次頁は大熊地区・名瀬港での反対行動）

「無防備地帯宣言」を提唱

小西氏講演　自衛隊配備計画の問題点指摘

元自衛隊隊員で軍事ジャーナリストの小西誠さん（68）が5日、奄美市名瀬の県立奄美図書館会議室で奄美の自衛隊配備計画をテーマにした講演会を開いた。防衛省の資料などを基に南西諸島で進められている国の島しょ防衛について小西さんは「軍事施設の存在は有事の際、標的になる危険性が高まる」と述べ、国際法による無防備地帯宣言を提唱。奄美の平和への取り組みを語った。

自衛隊配備計画の危険性について語ったジャーナリストの小西さん（右）

南西諸島防衛計画で進行している与那国島、石垣島、宮古島の常駐基地をスライドで紹介。また奄美大島内の陸上自衛隊部隊配備基地計画で予定されている地対空ミサイル部隊（奄美市名瀬大熊地区）、地対艦ミサイル部隊（瀬戸内町節子地区）についても説明した。

来場者を前に小西さんは奄美大島に島内配備される基地の拡大と増強を懸念。「自衛隊の島しょ防衛戦は戦闘が最優先。全島防衛は事実上不可能と考えているからこそ、離島の奪還作戦を行っている」と国が掲げる同計画の問題を指摘。また島しょ防衛自体についても、中国を仮想敵国とする冷戦時代の焼き直しと厳しく断罪した。

その上で戦前、軍拡競争の抑止を目的に、▽あらゆる武装・軍備の撤去▽敵対行為の排除▽軍事支援の禁止—などを掲げ、アジア太平洋域の諸国で実施した「無防備地帯」の実現を呼びかけ。「問題解決には住民の意識改革が必要」との言葉に来場者は耳を傾けた。

奄美にミサイルはいらない!!
奄美にミサイルはいらない!!
工事関係者以外
立入禁止

球弧非戦の誓い

多くが保存されている
奄美大島の戦争の傷痕

奄美大島は、天然の良港である大島海峡を中心にリアス式海岸が広がり、古仁屋港や対岸の加計呂麻島を含めて、旧日本海軍艦隊の軍港であり、寄港地であった。

したがって、奄美大島は、アジア太平洋、特に沖縄戦の後継基地として、米連合軍からの徹底した空爆を受け、島全体の家屋なども壊滅したと言われている。

このため、島内には、数々の戦跡が残り、大事に保存されている。

江仁屋離島が見える西古見の岬には、旧日本軍によって1940年に造られた掩蓋《えんがい》（式）観測所がある。この観測所は、射撃目標の距離と方向を測定し山の中の砲台に指示を与える。壕内部には、監視用の望遠鏡が据えられていた。

瀬戸内町手安には、巨大な旧日本陸軍の弾薬庫跡が残されている。この弾薬庫は日本軍の南西諸島方面の弾薬補給基地として使用されたという。内部は、二重壁が施されるなど堅固な造りになっている。

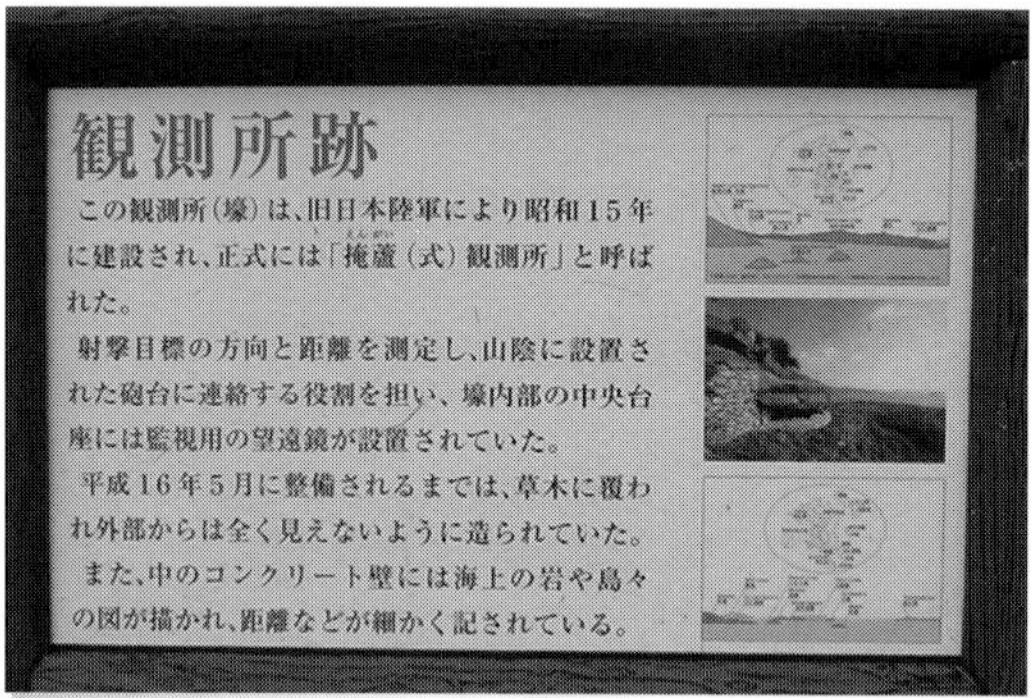
観測所跡
この観測所(壕)は、旧日本陸軍により昭和15年に建設され、正式には「掩蓋(式)観測所」と呼ばれた。

射撃目標の方向と距離を測定し、山陰に設置された砲台に連絡する役割を担い、壕内部の中央台座には監視用の望遠鏡が設置されていた。

平成16年5月に整備されるまでは、草木に覆われ外部からは全く見えないように造られていた。

また、中のコンクリート壁には海上の岩や島々の図が描かれ、距離などが細かく記されている。

さらに、奄美の最大の景勝地・加計呂麻島には、安脚場《あんきゃば》戦跡公園が造られており、日本軍の砲台跡、弾薬庫跡など多数が保存されている。

ここは、沖縄を除く日本でも、戦争遺跡の多数が保存されている貴重な場所である。

第5章　南西シフトの訓練――事前集積拠点・馬毛島

――島嶼上陸演習場・米軍FCLP訓練場

南西シフトのもう一つの展開拠点

種子島の西12キロの沖合に浮かぶ、無人島の馬毛島――。ここには滑走路が南北に1本（約4千メートル）、東西に1本（約2千メートル）と十字を切るように造られている。

馬毛島は、岩国基地に所属する米空母艦載機のFCLP（空母艦載機着陸訓練）、いわゆる「タッチ&ゴー」の訓練予定地としては知られているが、自衛隊の事前集積拠点・「島嶼防衛戦」の上陸訓練地として予定されていることは、全く知らされていない。

事実、昨年、この島の現状をリポートした東京新聞でさえ、自衛隊による使用については、意図的なのか一行も触れていない。

なぜ、意図的と断言せざるを得ないのか？　馬毛島に予定される自衛隊の運用については、何年も前から防衛省がホームページで公開しているからだ。同省のサイトで「国を守る」と検索してみよう（次頁）。すると、9頁にものぼる馬毛島の、自衛隊による運用が紹介されている。

「他の地域から南西地域への展開訓練施設、大規模災害・島嶼部攻撃等に際しては、人員・装備の集結・展開拠点として活用、島嶼部への上陸・対処訓練施設」（3頁）と。

大規模災害時における展開・活動（イメージ）

全国の自衛隊の部隊

陸自：人員、輸送ヘリ、各種装備（災害派遣用トラック、ドーザ）など

海自：輸送艦、上陸用エアクッション艇など

空自：輸送機、偵察機など

全国からの各種支援物資

集結・展開拠点

物資用倉庫

支援物資、装備等の集積、保管

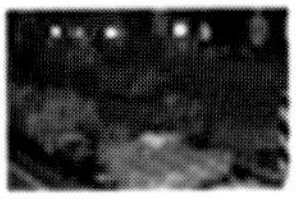

航空施設（滑走路等）

物資、人員等の輸送機への搭載

港湾施設

物資、装備、人員等の輸送艦等への搭載（エアクッション艇も適宜活用）

生活関連施設等

隊員用の宿舎、食堂など

被災地への展開・活動

島嶼部への攻撃への対応に伴う訓練（イメージ）

離島への上陸訓練

陸上自衛隊の部隊等が、エアクッション艇、輸送ヘリなどにより離島に上陸

高高度潜入訓練

陸上自衛隊の部隊が航空機から潜入

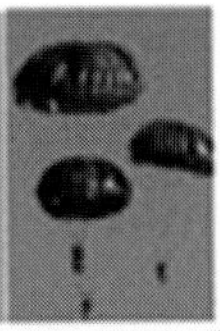

上陸後の展開・対処訓練

上陸した陸上自衛隊の部隊が、陸上での展開や拠点確保等を実施

これらの訓練を平素から行い、自衛隊の対応能力の向上を図ることにより、<u>多くの島嶼からなる南西地域の防衛態勢を強化します。</u>

前頁資料にその運用方法を掲載しているが、「大規模災害」は単なる口実だ。つまり、この島は、南西シフト態勢の事前集積拠点であるばかりか、「島嶼防衛戦」の上陸・対処を兼ねた訓練施設として、多用途の活用が目論まれている。

最新の報道では、ここに空自のF15、海自のP3C、そして、今後の配備予定のF35B（ヘリ空母「いずも」改修による本格空母への搭載）などの「南西拠点基地」を造ることも発表されている。文字通りの「要塞島」だ。

債権者の「破産申請」とは？

ところで、この馬毛島の土地は、東京・渋谷に本社を置くタストン・エアポート社が99パーセントの所有権をもっており、残りは市有地や個人の所有地である。

防衛省にとっての問題は、この会社が土地の売買などについて、防衛省提示額の50億円を遥かに上回る、100億、150億円を要求して折り合いが付かなくなっているということだ。

米軍のFCLPについては、2011年、硫黄島に替わる発着訓練の代替地として、日米の合意文書にも明記された。にもかかわらずである。報道では、防衛省も半ば諦め

島全体が平らな島・馬毛島（上）。また、種子島には軍事化に反対する住民らの立て看などが置かれている（前頁・下写真）

かけて馬毛島に替わる代替地を探し始めた、という。

ところが、２０１８年6月27日、地元紙、朝日新聞によると、この会社の債権者が「破産申請」を申し立て、東京地裁は、これに保全管理命令を出したということだ。

これは、間違いなく防衛省の策略だ。債権者に働きかけ、「破産」の上で買収を進めようとしているのだ。

馬毛島――種子島に広がる軍事化反対の声

仮に、馬毛島に日米共同施設、航空基地などの多数が造られたとするなら、その影響は、種子島にも及ぶ。先の同島に関する防衛省文書にも「部隊配置に伴い、所属隊員やその家族が居住するための宿舎を種子島に整備」と明記されており、相当の巨大な基地が、馬毛島――種子島にできることになる。

そして、地元の人々が恐れるのは、こういう馬毛島の要塞化によって、自衛隊と米軍機の騒音被害が深刻になるだけでなく、種子島を含むこの薩南諸島全域が軍事化されることだ。

すでに、種子島の南の奄美大島について見てきたが、この一帯の軍事化は、すでに「鎮西演習」を含む、恒常的なものとして行われている。

写真下は、沖永良部島に鎮西演習で陸揚げされた陸自の戦車(「島嶼防衛戦」で、戦車が使用されることに注意!)。次頁写真は、同演習で、種子島の海岸地帯(南種子町の前之浜海浜公園)に降下する陸自空挺部隊だ。訓練場だけでなく、今や、自衛隊はこの地では、みさかいなく市街地で訓練・演習を始める状況に至っている。この、馬毛島――種子島――奄美大島という薩南諸島の軍事化が、急ピッチで進行している実態について、全国の人々に警鐘乱打すべきときが来ている。

中央即応集団　第１空挺団
CRF 1st Air Borne Brigade

種子島の海岸地帯に西部方面隊実動の「鎮西演習」で降下する空挺部隊。同島では、この他にも市街地での演習が行われている

第6章　沖縄民衆にも隠されて進む沖縄本島の自衛隊増強

──空自那覇基地の増強で大事故は必至

大事故不可避の超過密、那覇空港

２０１８年６月14日、那覇空港で着陸態勢に入った宮古島からの民間機は、スクランブル発進しようとして滑走路に入ってきた空自Ｆ15戦闘機と、あわや衝突という事態に至った。空自機は、同空港の管制官の指示を全く無視し、急発進しようとしたのだ。今、那覇空港では、このような民間機と空自機・海自機との事故が、たびたび起こり始めている。

この理由は明らかだ。那覇空港に降り立てば、いやでもその光景は目に付く。空港のエプロンには、空自機だけでなく海自航空機、陸自航空機などがズラリと並んでいる。

沖縄本島では、１９７２年本土復帰以後、空自は南西航空混成団傘下の第83航空隊などを進駐させてきたが、実はここ数年来、空自が大幅に増強してきたことは、沖縄でもあまり知られていない。

この空自の増強態勢の背景が、現在進行する自衛隊の南西シフト態勢だ。すなわち、２０１７年、空自那覇の第83航空隊が、第９航空団に昇格、同隊のＦ15飛行隊は、１個飛行隊20機から２個飛行隊40機態勢に増強

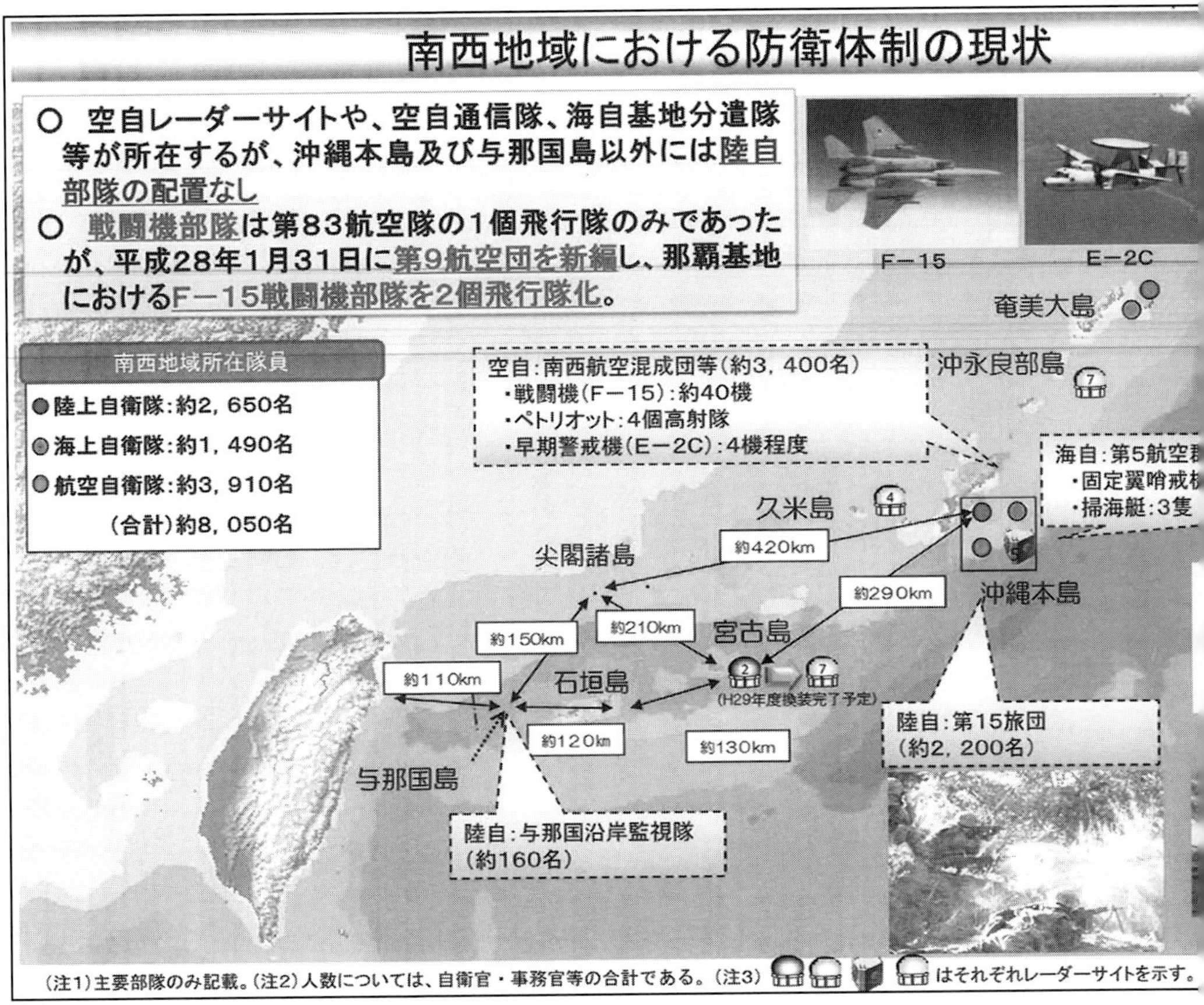

された（77頁図参照、頁右はF15戦闘機）。

この他にも空自は、三沢から早期警戒機E2C4機を那覇に展開し（第603飛行隊の創設、写真77頁）、浜松からの早期警戒管制機E767をも随時、移動運用するとしている。

そして、2017年7月、空自那覇の混成団は、空自の3つの航空方面隊と同格の南西航空方面隊に昇格したのだ。

このような、沖縄本島駐留の空自を始めとし、同島の陸海空自衛隊は、ここ数年で凄まじい大増強態勢に入っている。

沖縄本島での三自衛隊人員の大増強

上の防衛省作成図を見てほしい。2016年現在、沖縄駐留の自衛隊は、約8千50人を数えている。ところが、沖縄県が発表している2010年の統計では、陸自2千300人、海自1千300人、空自2千700人の、合計6300人だ。つまり、この6年で陸350人、海190人、空1千210人が増加したということだ。これは今なお、大増員の最中である。

陸自は沖縄では、すでに2010年に配備

されていた混成団が旅団（第15旅団・人員約2200人）へと昇格、増強していたが（写真下）、この旅団は数年後には、約3千人の人員に増強される。これは「即応近代化旅団」と言われ、先島諸島への初動対処（「島嶼防衛戦」）に投入されるのだ。また、この部隊は、旅団としては他に例のない、第15高射特科連隊傘下の中距離対空ミサイル部隊4個中隊を編成している。

そして、沖縄本島の海自は、沖縄基地隊、第5航空群傘下の第51・第52飛行隊に所属するP3C対潜哨戒機を増強して、東シナ海の常時警戒監視の任務についているが、すでに国産の最新鋭の対潜哨戒機P1も、優先的に沖縄本島に配備されつつある。

沖縄本島への地対艦ミサイル部隊の配備

「本土」の人々はもとより、沖縄の人々やメディアにも知られることなく、絶え間なく増強を続けてきた、沖縄配備の自衛隊――。ここにきて、その大増強は、あまりにも急激だ。

その重大な一つが、陸自の地対艦ミサイル部隊の、沖縄本島への配備方針だ（琉球新報2018年2月28日付）。

この地対艦ミサイル部隊の配備は、沖縄の民衆にとっても衝撃的であった。先島諸島などへの配備予定の、地対艦ミサイル部隊が、ついに沖縄本島へ、というのだ。

第9航空団の新編

27年度予算において、築城基地に所在する第8航空団から第304飛行隊（F−15部隊）を那覇基地に移動し、第83航空隊の第204飛行隊（F−15部隊）とあわせてF−15部隊2個飛行隊を配備するとともに、平成28年1月31日に第9航空団を那覇基地に新編。

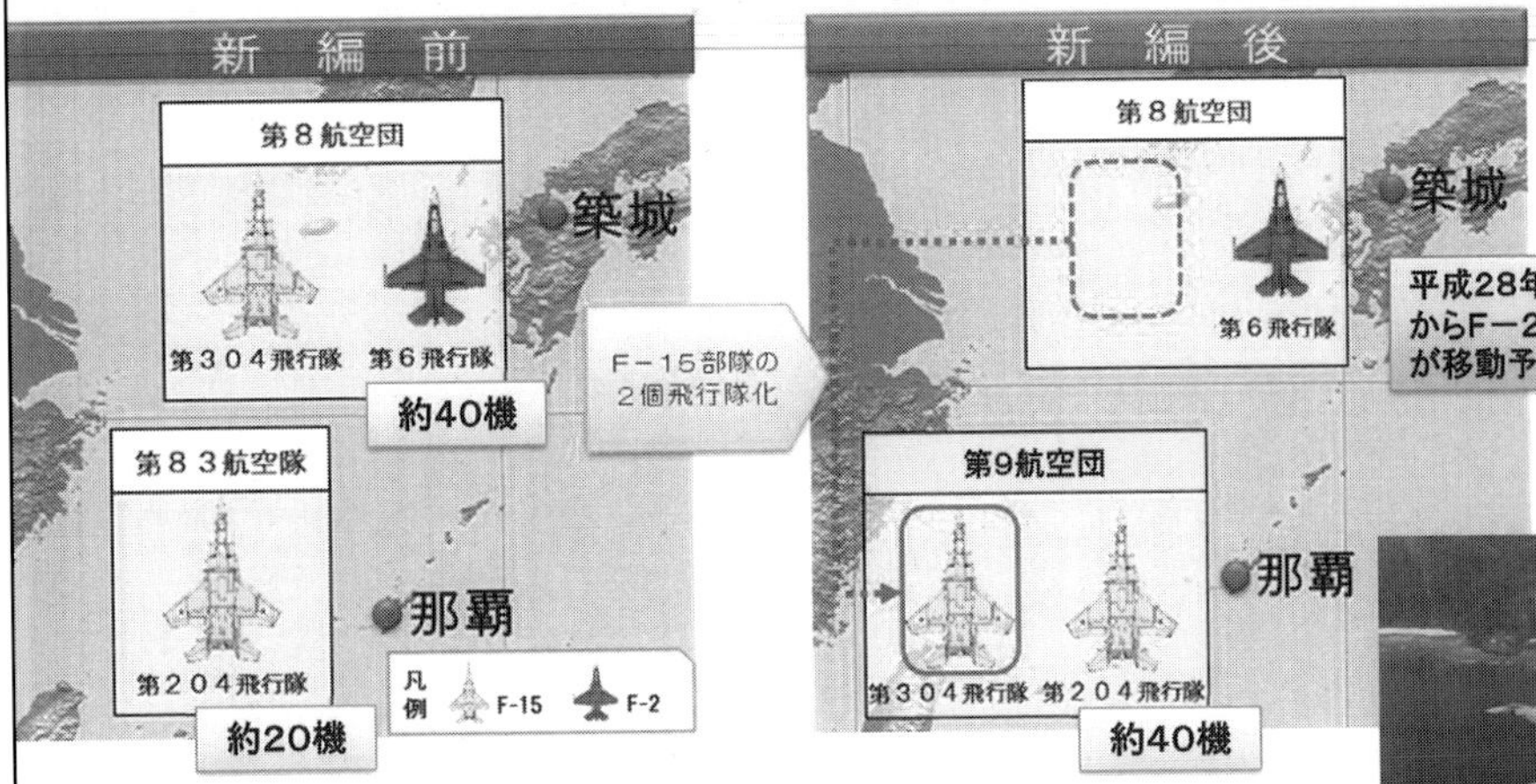

F−15

この部隊の配備目的は、宮古島に配備される地対艦ミサイル部隊と合わせて、宮古海峡を通過する中国軍艦船を、地対艦ミサイルで封じ込めようというものである。もちろん、すでに見てきたが、地対艦ミサイル部隊は、奄美大島から宮古島・石垣島（あるいは与那国島）まで配備される。

つまり、沖縄本島を含む琉球列島弧全体へ、地対艦ミサイル（地対空ミサイルをも）をズラリと並べ、空海自衛隊の「広域制海・制空権」を補完する「地域的制空・制海権」を確保する、という作戦だ。これは、軍事的にはいゆわる、通峡阻止作戦であり、宮古海峡などのチョークポイントの封鎖である（後述する第1列島線全体の通峡阻止作戦の一環）。

ここに配備される地対艦ミサイル部隊は、現在、陸自熊本の第8師団に配備されている最新式の12式地対艦ミサイルである。これは、射程距離約200キロという、陸自の最新式のミサイルだ。

この部隊は、従来の第15旅団配備の地対空ミサイル部隊（防空部隊）と異なり、海峡を通過する中国軍を封じ込める、攻撃能力を有する部隊なのである（下は12式地対艦ミサイル。頁左下は、那覇空港に展開する海自のP3C）。

■読者相談室 098-865-5656　THE RYUKYU SHIMPO　第39190号　発行所 琉球新報社 〒900-8525 那覇市天久905 電話098-865-5111

本島に地対艦ミサイル

陸自新部隊を検討

中国けん制、石垣にも

【東京】沖縄本島と宮古島間の海域を中国海軍の艦船が頻繁に通過しているとして、陸上自衛隊が運用する12式地対艦誘導弾（SSM）の新たな部隊を沖縄本島に配備する方向で検討していることが27日、関係者への取材で分かった。防衛省は射程を伸ばす研究開発を進めている12式改良型を石垣島など沖縄に配備することも検討している。過重な米軍基地負担に加え、自衛隊の基地機能強化が進んでおり「基地負担軽減」に逆行する。（2、31面に関連）

基地負担軽減に逆行

宮古島には既にSSM部隊の配備が決められ、12式の配備が予定されているが、防衛省は中国をけん制するために沖縄本島にも配備する必要があると判断した。年末までに策定される防衛大綱や中期防衛力整備計画（中期防）への記載を想定している。

12式は射程約200㌔で、沖縄本島と宮古島の間約300㌔をカバーできないとして、両島に配備する計画だ。防衛省は宮古島のほか石垣島と鹿児島県の奄美大島にもSSM部隊と地対空誘導弾（SAM）部隊、警備部隊の配備を既に決定している。沖縄本島に

管理部隊も設置する方

だ。

12式地対艦誘導弾（陸自のホームページから）

陸自の地対艦誘導弾の配備予定地

真っ青な海面を水しぶきを上げながら沖合いに向かう米軍の水陸両用車＝27日午前11時24分、名護市辺野古（小型無人機で撮影）

沖縄の主要な自衛隊基地

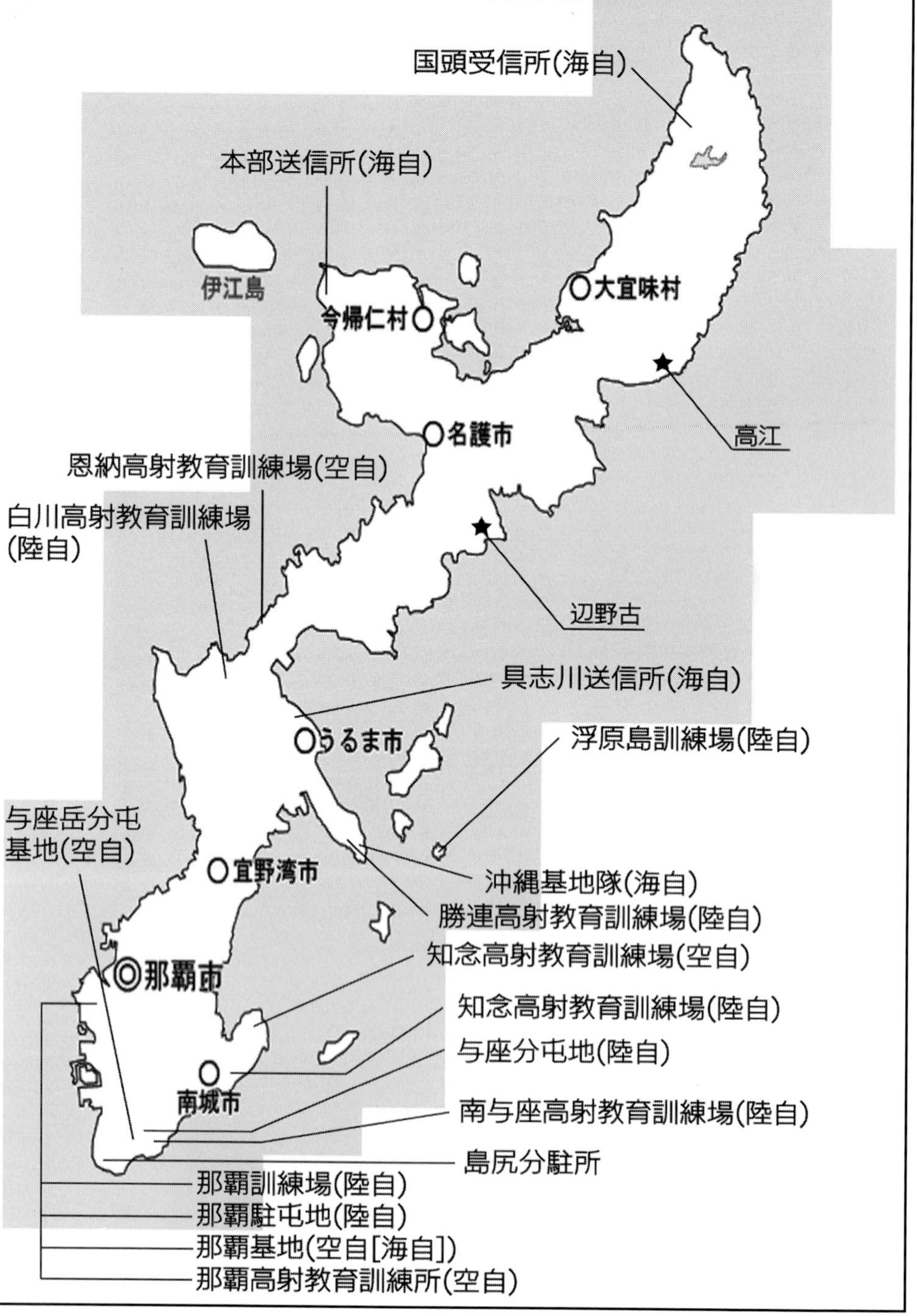

沖縄の主な米軍基地と配備部隊

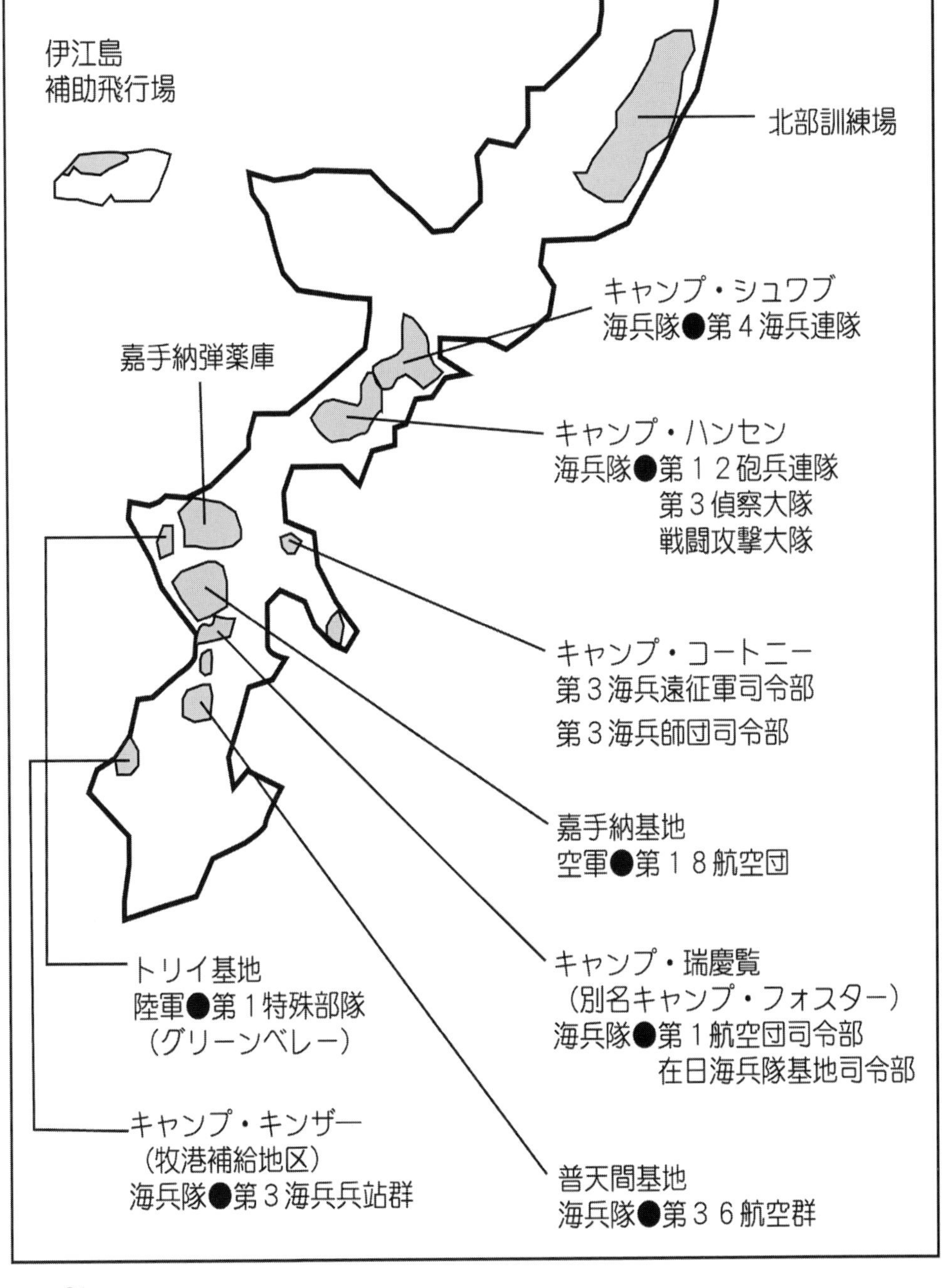

第7章 与那国・石垣・宮古・南北大東島の「不沈空母化」

――ヘリ空母「いずも」改修による本格空母より効率的か？

ヘリ空母「いずも」改修による本格空母の保有

今まで、自衛隊の南西シフト態勢による先島―南西諸島への新基地造り、大増強を見てきたが、ここにきてマスメディアが驚愕するような出来事を防衛省はリークし始めた。

何と「ヘリ空母」として名高い「いずも」などの護衛艦に、短距離離陸・垂直着陸（ＳＴＯＶＬ）として米軍が開発した、最新のＦ35Ｂ戦闘機を搭載し、本格空母として改装するというものだ。

もともと、「いずも」「かが」などの艦首から艦尾まで通じた全通甲板（全長２４８メートル）を有した護衛艦は、建造時から「空母」として予定していたことが明らかになっている。

「いずもは２０００年代後半の基本設計段階から空母への転換が想定されていたことが、当時の海自幹部の証言でわかった。……当時の複数の海自幹部によると、東シナ海での中国軍の活動が拡大していくと予測し、空域の優位を確保する必要があると考えたという。ところが沖縄周辺で自衛隊の航空機が使える滑走路は那覇基地の1本だけ。『那覇基地が使えなくなったりする場合に備える方針が固まった』という」（朝日新聞２０１８年2月22日付）

この防衛省の動きは、自民党の「防衛計画の大綱の提言」（２０１８年5月29日）と軌を一にする。同党は、この提言の中で「防衛費の2倍化」を要求するとともに、「いずも」の改修を前提に「多用途防衛型空母」の建造を

自衛隊導入予定のF35B

全長248メートルの全通甲板を有する「いずも」（上）と「かが」（下）

提言するのである。

　この提言で自民党が言うように、「ヘリ空母」の本格空母への改造や、その導入で必要とする空母機動部隊の編成を想定すると、防衛費の2倍化は不可避だ。だが、その膨大な軍費もそうだが、日本海軍による空母運用以来、73年もの間、空母を運用したことのない自衛隊にとっては、仮に改造空母や新型空母を導入するとしても、長期の時間が必要になると言えよう。

南西諸島の民間空港の「不沈空母化」

　そこで、このヘリ空母の改造に先行して推し進めようというのが、南西諸島の民間空港の軍事化だ。２０１７年12月25日の琉球新報、沖縄タイムスは、一斉にこの重大問題を報じた。

　それによると、将来はヘリ空母などの改修・新造を考慮するが、当面は与那国・石垣・宮古島・南北大東島の各民間空港への、Ｆ35Ｂの導入へ向けて、地元との協議に入るというのである。

　問題は明白だ。本格空母保有・運用は長期の時間が必要だが、南西諸島の民間空港の軍事化については、短期的に使用が可能だということだ。

　石垣島・宮古島などの民間空港の軍事化などは、おそらく航空機掩体壕などの施設さえ造れば、最短では数カ月で使用が可能であろう。

　まさしく、南西諸島―琉球列島弧の島々の軍事化・要塞化――不沈空母化だ。

　かつて、中曽根首相の１９８０年代に、対ソ戦略の一環として「日本列島不沈空母論」が唱えられ、実際に、日本列島は日米共同作戦態勢下の「三海峡封鎖戦略」の下、対ソ連の「不沈空母」として位置付けられたことがある（対潜哨戒機・Ｐ３Ｃの１００機態勢）。

　この琉球列島の不沈空母化は、まさに、この対ソの日米共同作戦を踏襲したものであり、石垣島などの5つの空港ばかりか、南西諸島の全ての空港の軍事使用・要塞化さえ目論まれているのだ。

　元陸上自衛隊の西部方面総監であった用田和仁は、以下のように言う（「日本の国防」第70号）。

　「南西諸島の島でもそうですが、中国本土から大体１０００キロから１２００キロ、南シナ海では２０００キロ離れた所に、いかに空港が必要か、それは海洋戦力、いわゆる海上優勢を取るためには、航空優勢が絶対要るわけです。そのためには滑走路が必要なのです。いわゆる海上優勢のための航空優勢、航空優勢を取るためには、近くて重要な第1列島線の要所に空港を確保するということは、西太平洋に出て行く上で非常に大切な、いわゆる死活的重要な問題……では南西諸島はどうなっているのかというと、１５００メートル以上の滑走路がある島が14あります。そしてもっと短い滑走路を入れると20あります。これは本当に出来上がっている空港」

つまり、用田は、石垣島などの空港ばかりか、南西諸島の20の民間空港の全てを軍事化することを公言する。用田はこうをも言う。

「我々はこれだけの不沈空母をもっているのだし、この20の滑走路のある島に94％の人が住んでいるのです。ですから、何かあったときに１５５万人の人を全部島から、いわゆる全島避難させたりすることはなかなか難しいかもしれませんが、６％の島、いわゆる残りの島から全島避難させるということはあり得るのだ」

このように、再び沖縄の島々を戦場にすることを公言する人物が現れていることを、凝視すべきだ。

■読者相談室 098-865-5656　THE RYUKYU SHIMPO　第39127号　発行所 琉球新報社 ©琉球新報社2017年 〒900-8525 那覇市天久905 電話098-865-5111

離島防衛にF35B

先島、大東で運用

短距離離陸型 防衛省が導入検討

防衛省が将来的に海上自衛隊のヘリコプター搭載型護衛艦で運用することも視野に、短距離で離陸できるF35B戦闘機の導入を本格的に検討していることが24日、政府関係者への取材で分かった。既に導入を決めた空軍仕様のF35A計42機の一部をB型に変更する案、別に追加購入する案があり、来年後半に見直す「防衛計画の大綱」に盛り込むことも想定している。（3面に解説）

「空母」保有も構想

護衛艦であってもF35B戦闘機を搭載すれば軍事的には「空母」と位置付けられ、自衛のための必要最小限度を超えるため攻撃型空母を保有することは許されない、としてきた政府見解との整合性が問題となる。アジア各国が強く反発することも予想される。

加速する中国の海洋進出への対処が目的で、当面は滑走路が短い南西諸島での運用を想定し、将来的にヘリ搭載型護衛艦を改修するか新造する。

F35Bは空自が導入するA型の派生型で、米海兵隊に配備。空母よりも甲板が狭い上陸作戦用の強襲揚陸艦に搭載するため、短距離で離陸でき、オスプレイのように垂直着陸が可能。高度なステルス性を備えている。

防衛省はF35B導入で宮古、石垣、与那国島のほか、南・北大東島の各空港も空自戦闘機による警戒監視活動に使用でき、活動範囲が拡大するとしている。実際にどの空港を使うかは地元と協議するとみられる。

さらに将来、ヘリ搭載型護衛艦「いずも」「かが」などの艦首を、戦闘機が発艦しやすいスキージャンプ台のように改修、甲板を耐熱塗装する。航空燃料タンクや弾薬庫を増設、整備、管制機能を改造するなどしてF35Bを搭載できる「軽空母」として運用する構想があるほか、強襲揚陸艦を新造する案もある。

尖閣諸島をはじめとする南西諸島で、空自戦闘機が離着陸できる長さ3千㍍級の滑走路があるのは、下地島空港だけ。しかし、同空港は1971年、国と当時の琉球政府が締結した覚書で民間機以外は使用しないとされている。

F35B戦闘機

クリスマスイルミネーションを楽しむ見学者ら＝24日、浦添市経塚

第8章　沖縄本島への水陸機動団一個連隊の配備
——在沖米軍基地の全てが自衛隊基地に

改竄・隠蔽された　南西シフト策定文書

２０１８年の国会での最大の問題は、防衛省による情報公開文書の改竄・隠蔽問題であった。この問題では、統合幕僚監部ほかの17人の自衛官らに懲戒処分が下された。

ところで、この防衛省文書の改竄・隠蔽問題の発端であり、もっとも核心問題は、ＰＫＯ日報でもなければ、イラク日報でもない。と言うと、ほとんどの人々は不可解と思われるだろう。

マスメディアは、ＰＫＯ文書などの問題だけしか報道していないからだ。だが、ＰＫＯ文書などは、実は防衛省・自衛隊の「陽動作戦」であったのだ。

問題の発端と経過を見てみよう。

3月30日、国会において日本共産党の穀田議員は、２０１７年5月の「一市民」に対する防衛省の情報公開開示文書（9月以降開示）については、改竄された疑いがあると指摘した。

7頁の改竄を行った防衛省

というのは、その一市民（筆者のこと。88頁参照）に開示された、統合幕僚監部作成の「日米の『動的防衛協力』について」という、ほとんど黒塗りの文書と、穀田議員が２０１５年に入手した同文書とは、数頁にわたって改竄が確認されたのだ。

次頁上の、筆者への提出文書と穀田議員の文書を比較すると、縦書きから横書きに改竄の上、「今後強化すべき機能及び課題」の項目が全て削除されている。全文書では、7頁の改竄だ。

この明らかな改竄に、小野寺防衛大臣は、穀田議員が入手したとされる同文書は真贋が証明されず、改竄の事実はないと居直った。しかし、この問題は、ここで一件落着とならなかった。

防衛省は、週明けの4月2日、1年も前に情報公開請求がなされ、原本がないとしていたＰＫＯ日報、イラク日報を、突然に、大量に提出してきたのだ。情報公開請求者自身が、諦めていたとも言える隠蔽文書である。

そして、同日、防衛省は、筆者に「新たに見つかった統合幕僚監部の文書が出てきたので開示する」として、同文書3件を開示してきた（以後、2カ月にわたって「新たに見つかった」として同文書7件を開示）。それは以下のようにいう。

「平成29年5月5日付で請求がありました行政文書の開示について……原処分において開示した文書に加え、下記の通り開示することとしますので通

取扱厳重注意

日米の「動的防衛協力」の取組の全体像

背景

我が国を取り巻く安全保障環境

[redacted]

大綱・構造改革委員会（中間報告）等を踏まえた検討

今後強化すべき機能及び課題

自衛隊の取り組み（中期防衛力整備計画を含む）

日米の「動的防衛協力」の方向性

「2＋2」共同発表（平成24年4月27日）

日米の「動的防衛協力」

取扱厳重注意

日米の「動的防衛協力」の取組の全体像

背景

我が国を取り巻く安全保障環境

中国の軍事戦略（アジア太平洋地域）

対中防衛の考え方

大綱・構造改革委員会（中間報告）等を踏まえた検討

今後強化すべき機能及び課題

- 広域・常続的な情報収集・警戒監視体制
- 迅速かつ柔軟な機動展開能力
- 航空・海上優勢のための作戦能力
- 基地の抗たん性及び使用可能な基地・施設
- 島嶼防衛のための水陸両用戦を含めた各種戦能力
- BMD能力
- 宇宙・サイバー分野への対応
- 平素からの関与（Peacetime Engagement）に関する活動

自衛隊の取り組み（中期防衛力整備計画を含む）

日米の「動的防衛協力」の方向性

「2＋2」共同発表（平成24年4月27日）

日米の「動的防衛協力」

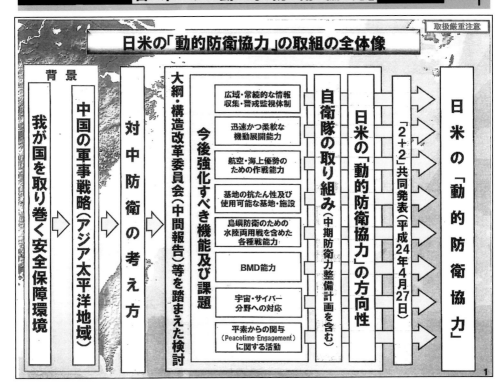

知します」

改竄への謝罪も、弁明もない、役人的文書だ。しかし、この問題には、重大な問題が隠されていたのだ

日報は「刺身のツマ、刺身は動的防衛協力文書」

次頁の、メディア関係者が匿名で執筆しているという雑誌『選択』（5月1日号）を参照してほしい。「日報が刺身のツマとすれば、動的防衛協力の文書は刺身に相当する」と明記している。

つまり、マスメディア関係者の間では、日報問題よりも、この「動的防衛協力」文書の方が、はるかに重要であることが認識されていたのだ（イラク、PKO日報とも歴史的に検証する意義は大いにあるが、PKO5原則の崩壊で、すでに自衛隊の現在的任務は終わっている）。

にもかかわらず、この「動的防衛協力文書」問題は、良くてベタ記事扱いであった。

国会でもこの問題に取り組んだのは、残念ながら日本共産党だけだ。

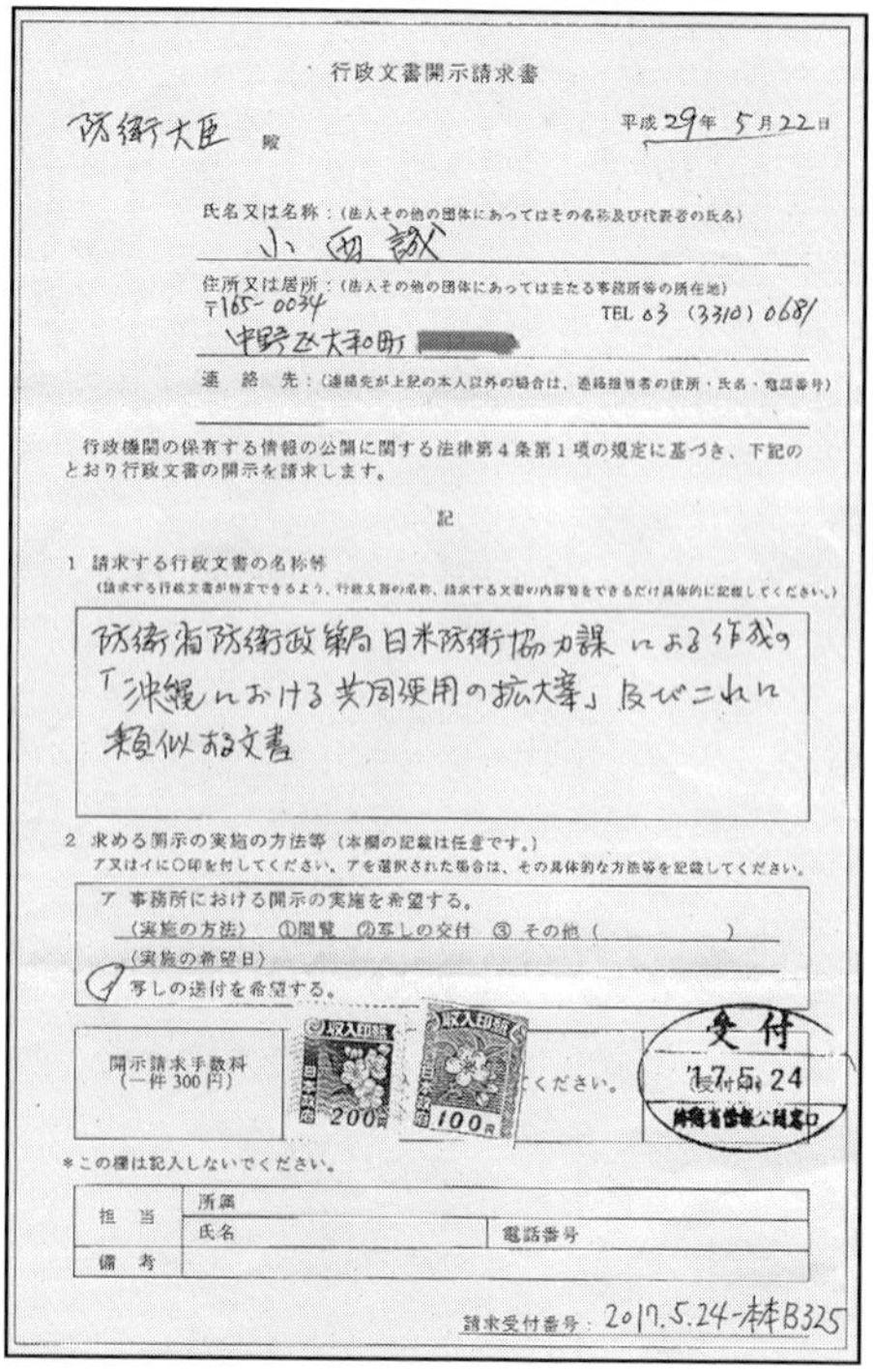

行政文書開示請求書

防衛大臣 殿　　　　平成29年5月22日

氏名又は名称：（法人その他の団体にあってはその名称及び代表者の氏名）
小西誠

住所又は居所：（法人その他の団体にあっては主たる事務所等の所在地）
〒165-0034　　TEL 03（3310）0681
中野区大和町[redacted]

連絡先：（連絡先が上記の本人以外の場合は、連絡担当者の住所・氏名・電話番号）

行政機関の保有する情報の公開に関する法律第4条第1項の規定に基づき、下記のとおり行政文書の開示を請求します。

記

1 請求する行政文書の名称等
（請求する行政文書が特定できるよう、行政文書の名称、請求する文書の内容等をできるだけ具体的に記載してください。）
防衛省防衛政策局日米防衛協力課による作成の「沖縄における共同使用の拡大等」及びこれに類似する文書

2 求める開示の実施の方法等（本欄の記載は任意です。）
ア又はイに○印を付してください。アを選択された場合は、その具体的な方法等を記載してください。
ア 事務所における開示の実施を希望する。
〈実施の方法〉 ①閲覧 ②写しの交付 ③ その他（　　　）
〈実施の希望日〉
イ 写しの送付を希望する。

開示請求手数料（一件300円）　収入印紙 200円　収入印紙 100円　……ください。
受付 '17.5.24 防衛省情報公開窓口

＊この欄は記入しないでください。

担当	所属	
	氏名	電話番号
備考		

請求受付番号：2017.5.24-本B325

筆者も声を大にして訴えたが、平和運動界隈でも、全く問題は捉えられなかった。つまり、防衛省の「陽動作戦」に見事に引っ掛かったというわけだ。

しかし、大量の処分者まで出して守らなければならなかった、統合幕僚監部作成文書とは何だったのか？

初めての南西シフト策定文書

改竄・隠蔽された2012年作成の、統合幕僚監部「日米の『動的防衛協力』について」という文書は、結論から言うと、防衛省・自衛隊が初めての南西シフト態勢を策定した、重大な文書である。しかも、この文書には、南西シフト策定の目的である「対中防衛」という露骨な表現が何カ所も見られる。

そして、この南西シフト態勢の戦略的目的も「（平時には）東シナ海における中国の海洋権益拡大を阻止」し、「（有事には）日本の主体的行動及び米軍との共同作戦行動をもってこれを阻

防衛省でも「文書改竄」の一大事

日報より深刻な「動的防衛協力」の証文

世間を騒がせたイラク派遣の陸上自衛隊部隊の日報隠蔽。実は防衛省・自衛隊にとって、この問題があそこまで混迷を極める展開は想定外だった。国防の府がより深刻に警戒したのは、共産党が暴いた「日米の『動的防衛協力』について」と題する内部文書への対応で、その要義は米軍に代わる自衛隊の伸張。小野寺五典防衛相は四月二日、イラク日報発見と併せ、これと同じ表題の文書が見つかったと発表した。だが森友学園を巡る隠蔽の流れから、メディアの関心は日報問題に集中し、動的防衛協力の改竄疑惑は刺身のツマ程度にしか取り上げられていない。はるかに重大と内部で受け止められた改竄疑惑が日報問題の陰に隠れたのは防衛省の思惑通り。だが、抱き合わせた代償は「日報火祭り」と化して燃え広がり、自縄自縛に陥ってしまったのだ。

統合幕僚監部が小野寺氏にイラク日報の存在を報告したのは三月末日だった。その前日、共産党の穀田恵二議員が衆院外務委員会で、情報公開請求を受けて防衛省が昨年開示した動的防衛協力の文書に「改竄の疑いがある」と追及。開示文書から沖縄での自衛隊と米軍の共同使用や共同訓練の対象となる施設や訓練が明示された頁などが消えていると指弾した。日報の公表は、この穀田氏の質問が引き金だった。メディアや野党は二〇一八年度予算の成立を待って、小野寺氏が公表したと批判を繰り広げたが、それは的外れだ。

禁秘の文書の漏えい

穀田氏が入手した文書には「取扱厳重注意」の朱印。そこにはキャンプシュワブ、ハンセンへの陸自一個連隊の配備、米海兵隊の伊江島補助飛行場での上陸・降下訓練、北部訓練場での対ゲリラ戦訓練、嘉手納弾薬庫地区に陸海空共通の兵たん部隊を配備――などが詳細に列挙されている。「米軍頼みから自衛隊へと日本の防衛政策を転換させていく基点となる証文」。自衛隊元将官は動的防衛協力に関する文書の重要性をこう解説した。日報が刺身のツマとすれば、動的防衛協力の文書は刺身に相当する。問題はその中身だけにとどまらない。

防衛省・自衛隊にしてみれば、この禁秘の文書が共産党の手に渡ってしまったこと、つまり情報の漏えいを許してしまった事実こそ看過できないのだ。時あたかも森友学園への国有地売却を巡る決裁文書の財務省による改竄が安倍政権を直撃している真っただ中。このため、防衛省事務方は穀田氏の質問の翌日、小野寺氏へ即座に報告した。そこでは、穀田氏の取り上げたものと同じ表題の文書が二つ存在するが、防衛相や局長それぞれに報告する文書だったために

察する。実際、防衛省には、イラク日報に関する情報公開請求もあり、開示期限は今年六月だった。調査が中途半端な状態だったにもかかわらず、焦って無理やり公表した可能性が高い。

世論受けが最優先の防衛相

小野寺氏が動的防衛協力に関する二つの文書とイラク日報の存在を同時発表した狙いは何か。関係者は「動的防衛協力の文書は『改竄』と指摘されても致し方ない。他方、日報は文書管理の話と言ってしまえばそれまで。同時に大臣から発表してもらえれば、動的防衛協力の改竄疑惑は日報で『希釈』されるとの目論見もあった」と明かす。あに図らんや、その思惑は予測の軌道から大きく逸脱していく。動的防衛協力を巡る文書が日報問題の陰に隠れたのは狙い通りだったものの、それ以上に日報問題が炎上する事態に発展してしまったのだ。しかも、油を注いだ張本人は他ならぬ小野寺氏。いわく「シビリアンコントロール（文民統制）、政治の主導で膿を出し切る」「大変遺憾だ」「大変大きな問題だ」。イラク日報の存在を公表したあの日から「小野寺氏は鬼退治にやってきた『桃太郎』のようにヒーロー然だ」（自衛隊関係者）と怨嗟の声が充満している。

防衛省・自衛隊から小野寺氏の言動を評価する声はほとんど聞こえてこない。自衛隊幹部は「小野寺氏の本質は人気取り。報告すると即座に発表。これを繰り返している。例えるなら、日報を見つけて報告すれば右の頬を殴られ、また見つけてくると、今度は左の頬を殴られ『こいつらが悪い』と言わんばかり。その往復が延々と続く。我々は踏み台か、捨て駒か……」と嘆く。防衛省OBも「株主総会で壇上から決算報告する役員を、社長が後ろから野次るようなもの」と批判してやまない。

防衛省内からは「統幕が二月二十七日に日報の存在を把握した時点で、まず小野寺氏に報告すべきだった。それで小野寺氏が独断で公表しようとも、詳細な中身は時間をかけて精査していくと言ってもらえば、ここまで炎上しなかったのでは」（課長級）との声も聞こえてくるが、それも後の祭り。

止」などと明記されている。

防衛省・自衛隊の南西シフト態勢については、同省が様々な文書で明らかにしているが、それはせいぜい「南西諸島での防衛の空白地帯の解消」などの曖昧な説明ばかりである。

この統合幕僚監部の文書のごとく、自衛隊の対中防衛＝中国封じ込め戦略を明確に表現したものはなかった。

つまり、防衛省・自衛隊が恐れていたのは、この「対中防衛」を公然と掲げた南西シフト文書の存在の発覚であり、中国政府の対抗処置だ。

これを報道しなかったマスメディアもまた、政府・自衛隊におもねて改竄・隠蔽に加担したのである（南西シフトへの報道規制と同様）。

沖縄本島への水陸機動団の配備

統合幕僚監部文書を、防衛省が隠蔽したかったもう一つの理由がある。

下記および91〜93頁の「沖縄本島における恒常的な共同使用の構想」「日米の『動的防衛協力』の取組」などの文書を見てほしい。

後述する水陸機動団（2018年3月編成）の、新たに編成される1個連隊をキャンプ・ハンセンに、1個中隊をキャンプ・シュワブ（辺野古）に配備することが明記されている。また、この水陸機動団は、在沖米軍の31MEU（海兵遠征部隊）と共同作戦を行うことが図示されている（次頁下）。

「島嶼奪還」の日本型海兵隊という部隊を

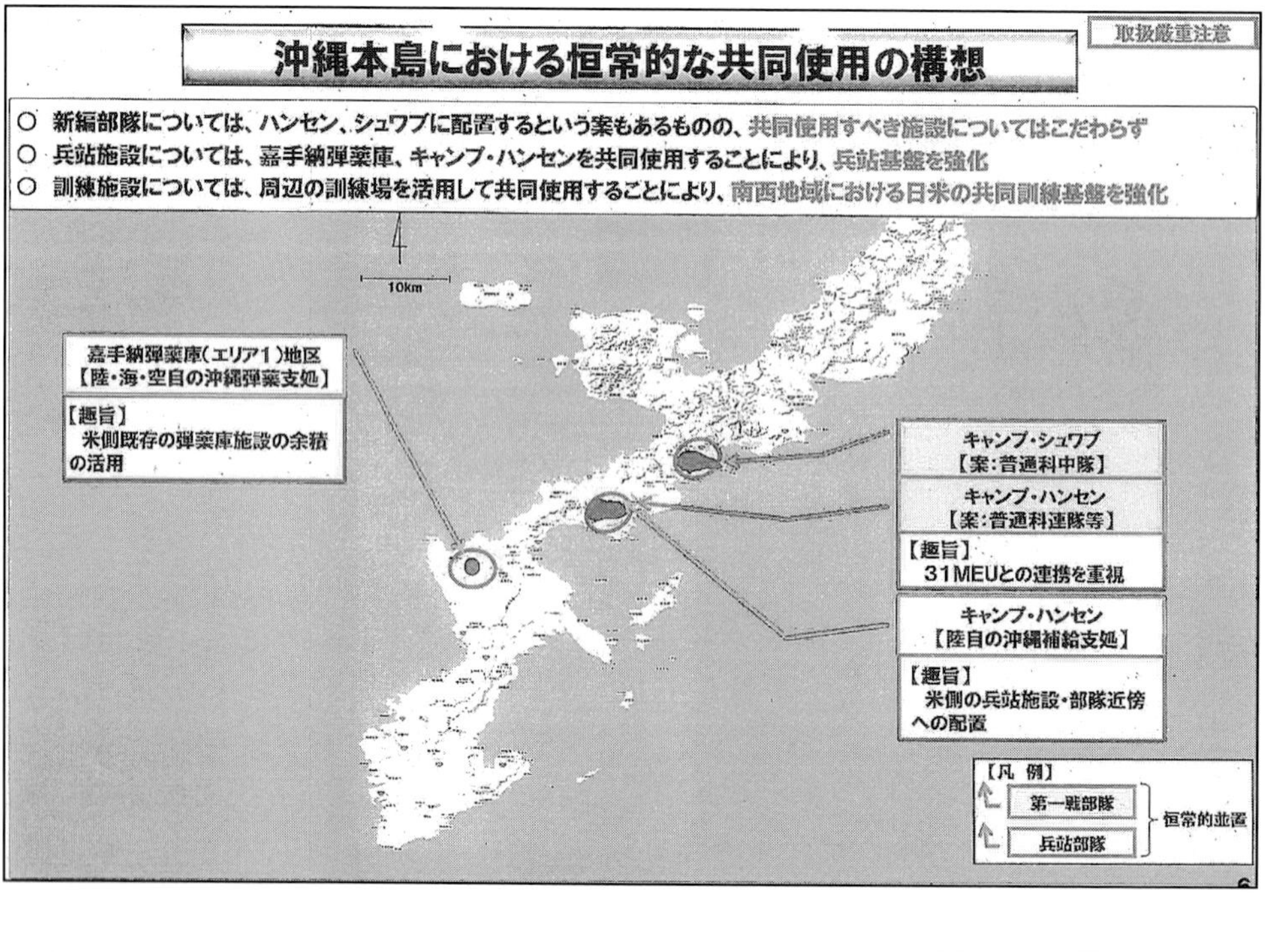

取扱厳重注意

対中防衛の考え方

抑止（平時）

○ 広域・常続的な警戒監視等の強化及び所要の対処準備による強固な防衛態勢の確立とともに、米軍との緊密な連携により、中国の影響力拡大及び武力行使を抑制

○ 活動範囲は、中国の東シナ海の海洋権益拡大を阻止し、我が国の領域を主体的に保全する観点から、東シナ海が最優先地域。中国のA2/AD能力に対抗し、抑止及び作戦能力向上のため、グアムを含めた西太平洋地域での日米の活動を活発化

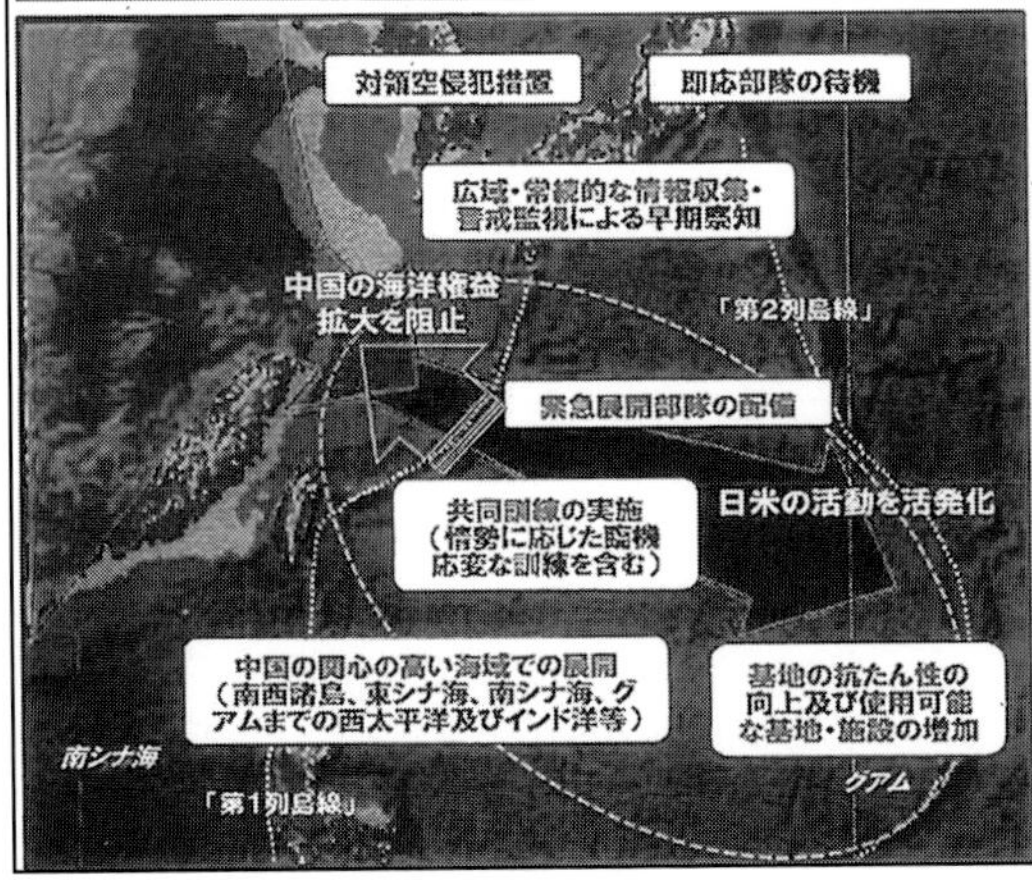

対処（有事）

○ 日本の主体的な行動及び米軍との共同作戦をもって、これを阻止

○ 周辺の航空・海上優勢を確保するとともに、機動展開により作戦基盤を確立

○ 米軍の来援基盤の確立を推進し、更なる米軍との共同対処

○ 事態対処後は、所要の部隊をもって防衛態勢を維持

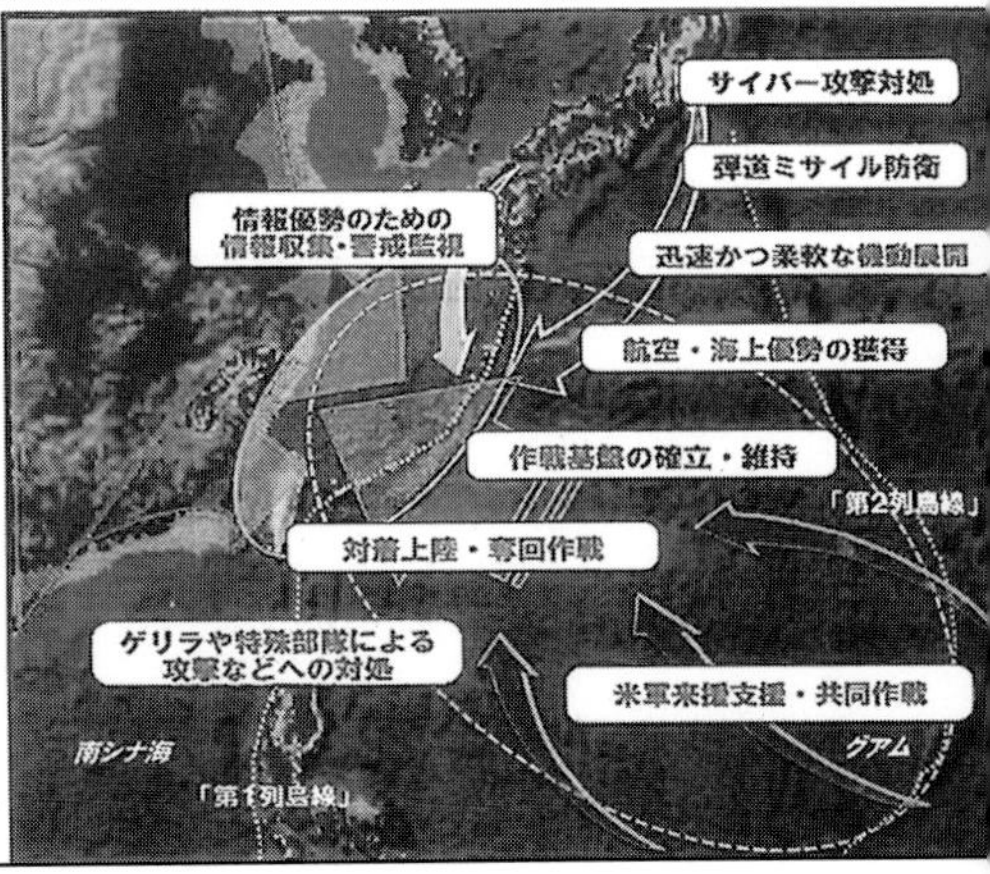

取扱厳重注意

南西地域における新たな陸上部隊の配置の考え方

考え方	自衛隊配備の空白地帯となっている南西地域において、必要な部隊配置等により、この地域の防衛態勢を強化するとともに、平素から米軍との連携により 戦略的プレゼンスを発揮し、抑止力を強化。 特に、以下の能力・機能の強化が不可欠 ○ 緊急展開能力　○ 基地防護能力　○ 兵站基盤　○ 水陸両用戦能力

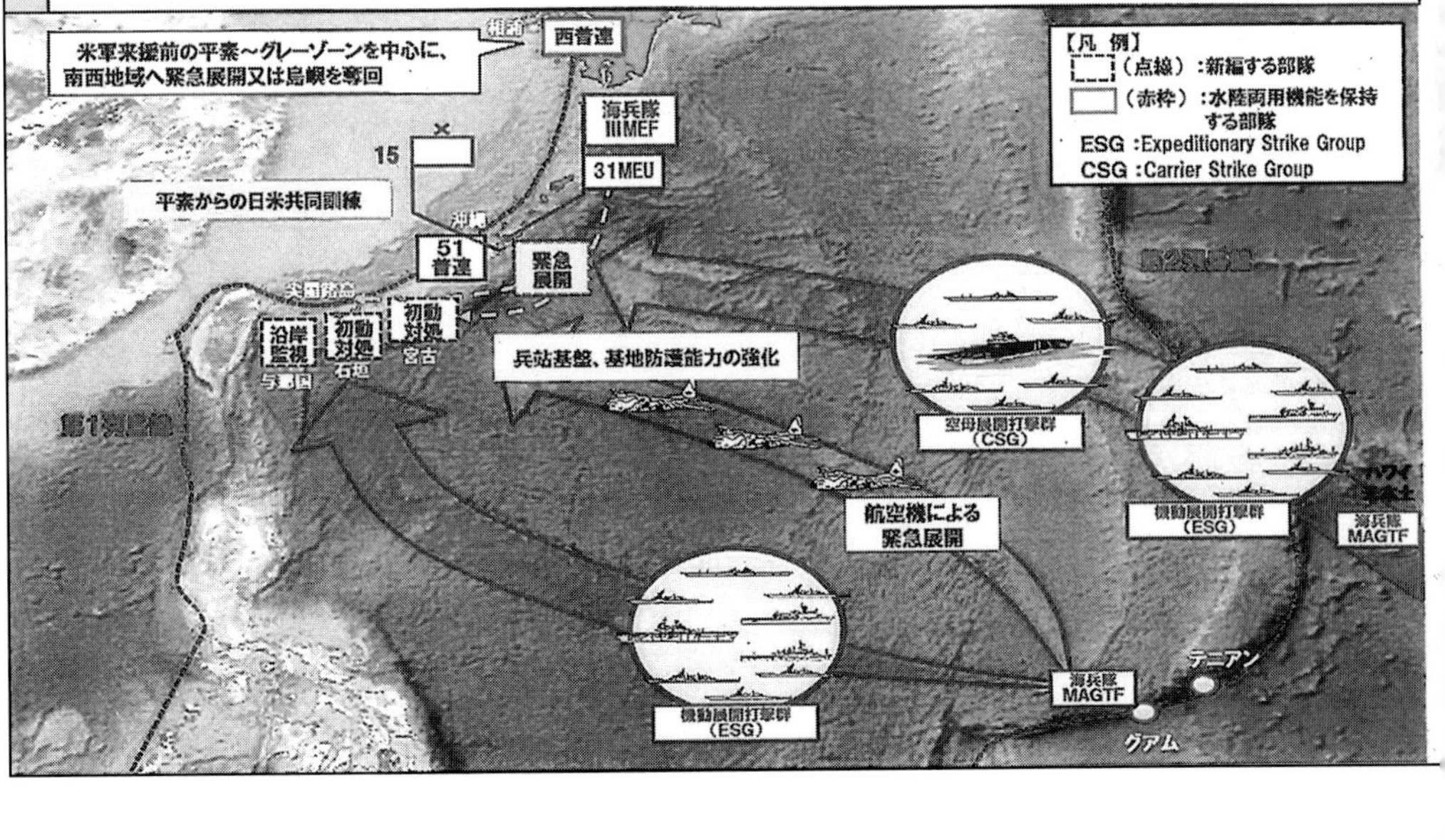

新たに沖縄本島に配備するという、とんでもない計画が、この統合幕僚監部文書には明記されているのだ。

在沖米軍基地全ての自衛隊との共同使用

だが、この統合幕僚監部文書の重大さは、これのみに留まらない。頁左の文書には、米軍嘉手納・伊江島基地、北部・中部訓練場、キャンプ・ハンセンなどの訓練場、沖大東島などの射爆場、嘉手納弾薬庫など、在沖米軍の全てを自衛隊との共同使用にし、「戦略的メッセージ」「戦略的プレゼンス」(対中国)を高めることが唱えられている。

周知のように、在沖海兵隊の司令部、戦闘部隊のほとんどは、グアムなどへの移駐が決定しているが、この米海兵隊の穴埋めを狙っているのが、水陸機動団なのだ。

したがって、現在、埋め立て工事が急速に進む辺野古新基地もまた、この自衛隊部隊の拠点基地となることは明らかだ。

政府が南西シフト態勢作りと合わせて、辺野古新基地造りを急ぐのも、このような自衛隊基地の確保が最大の目的である。

勝連に陸自補給拠点！

この統合幕僚監部文書が明るみに出たのと時を同じくして、自衛隊は、沖縄本島の勝連分屯基地に、南西シフト態勢の弾薬・燃料などの前線補給拠点、また、車両、通信、衛生などの後方支援拠点を置くことを打

取扱厳重注意

沖縄本島における共同使用の必要性

- □ 南西地域は、多くの島嶼(約970個)を有し、本州に匹敵する広がりを持つ地理的特性
- □ 本地域の主力戦闘部隊は、沖縄本島に所在する第15旅団の第51普通科連隊(約700名)のみであり、事態にシームレスに対応するためには、先島諸島に1個連隊規模、沖縄本島に1個連隊規模の平素配置部隊に加え、尖閣や先島にて事態が生起した場合に緊急展開し初動対処部隊として増援ができる最低限1個連隊規模の勢力が必要
- □ 本地域における必要な部隊配置は緊急時における輸送所要の軽減に大きく貢献
- □ 継戦能力を確保するため、基地防護能力及び兵站基盤の強化が不可欠
- □ 共同使用による平素から緊密な日米連携を図ることにより、情報の共有、南西諸島に事態が生起した場合等の水陸両用戦能力を含めた共同対処能力を向上させるとともに、併せて戦略的メッセージの効果が極めて高い。

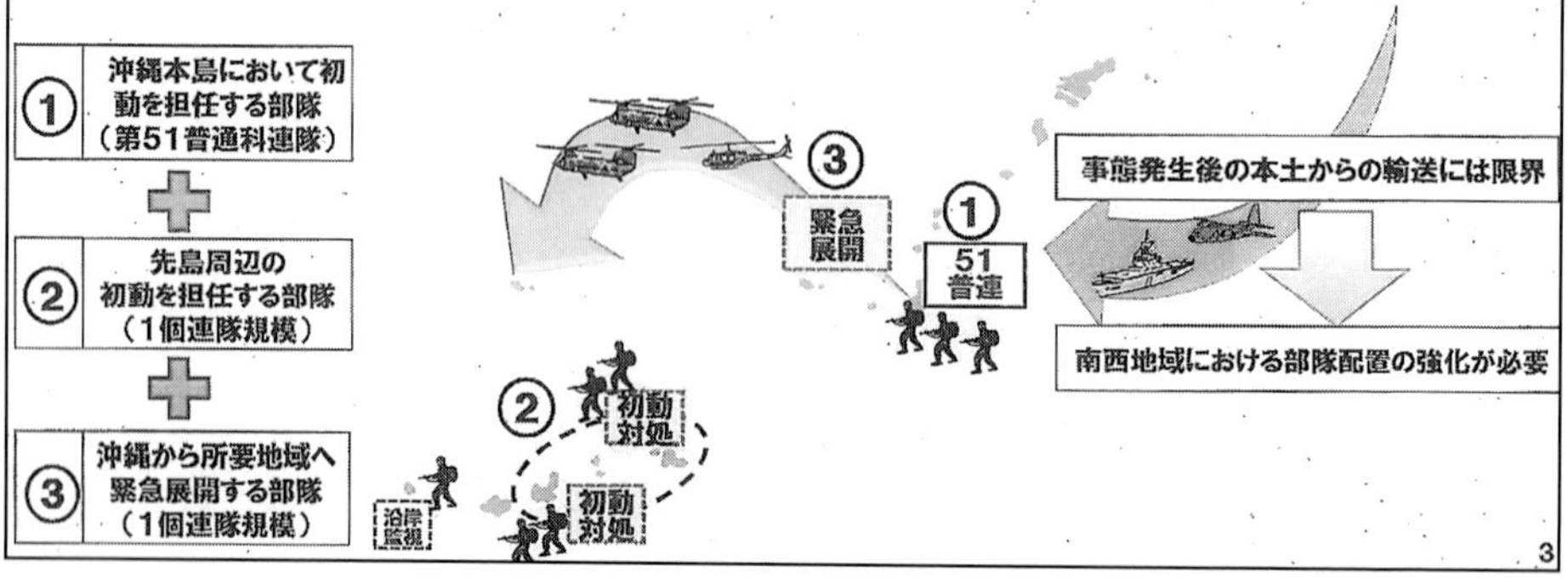

3

日米の「動的防衛協力」の取組

日米の「動的防衛協力」

□ 共同使用・共同訓練・共同の警戒監視等の拡大の基本的な考え方

○ 共同使用：抑止力の強化、南西地域に対する即応態勢の強化、訓練環境の向上及び自衛隊の運用基盤の拡大化のための拡大
○ 共同訓練：戦術技量・相互運用性の向上、抑止力の強化のための拡大
○ 情報収集・警戒監視：事態に対する迅速な対応、情報優勢の獲得及び抑止力の強化のための日米の能力を互いに補完し合う拡大

3者を
相乗効

○ 警戒監視活動における協力の強化（平素からの情報共有メカニズムの強化、アセットの割当等）
→SF司令部における日米連携メカニズムの強化
【グアムの活用】
○ 警戒監視等（UAV等）での活用の検討

○ 部隊配置としての共同使用
・ 陸自部隊（沖縄本島：1コiR）
→キャンプシュワブ
キャンプハンセン
・ 新たな司令部等
→キャンプコートニー

○ 訓練場としての共同使用
・ 艦対地・空対地射撃訓練
→沖大東島射爆場
・ 艦対空射撃訓練
→HH水域及びMM水域
・ 空対地爆撃訓練
→鳥島射爆撃場
出砂島射爆撃場
・ 離発着訓練
→伊江島補助飛行場
・ 対戦闘機戦闘訓練
→W空域（W-172、173、179、185）
○ 部隊配置としての共同使用
・ 空自部隊（一時的）
→嘉手納基地
○ 海自と米海軍との共同訓練の拡大（南シナ海を含めたアドホックな訓練）
○ 空自と米空軍等との共同訓練の拡大（米軍訓練移転等の活用）
【グアム等の活用】
○ 共同使用・共同訓練
・ 海自の訓練（水中処分訓練を含む）機会の拡大
→対潜訓練等各種訓練
→IED（即製爆発装置）処分訓練施設
・ コープノースグアム等の共同訓練の拡大
・ 恒常的な空自による訓練使用

○ 部隊配置としての共同使用
・ 陸自弾薬支処
→嘉手納弾薬庫地区（エリア1）
・ 陸自兵站部隊
→キャンプハンセン
・ 海自弾薬支処
→嘉手納弾薬庫地区
・ 空自弾薬支処
→嘉手納弾薬庫地区

○ 統合訓練
・ キーンソード
機動展開から島嶼奪回作戦に至る一連の総合的な訓練（島嶼防衛、海上作戦、航空作戦、陸上作戦等）
・ ドーン・ブリッツ
→西海岸でのⅠMEF・3艦隊との水陸両用訓練（陸海自）
（統合訓練化検討中）
・ 米国共催の多国間訓練へ参加拡大
→CG訓練参加への質的拡大
→バリカタン演習への新規参加
○ 陸自と米海兵隊との共同訓練の拡大
・ ⅢMEFとの共同訓練
→南西諸島のHA／DR訓練
-県防災訓練等へ参加
-海自・米海軍の艦船と共同
→南西諸島の離島侵攻対処訓練
-フォレストライトを活用
-キーンソードの枠組みを活用
-海空自、米海軍と共同
・ ⅠMEFとの共同訓練
→アイアンフィスト（大隊級）へ参加
・ RIMPACへの陸自部隊参加
・ 日米豪のHA／DR訓練

○ 日米アセット及び情報共有等の日米対処能力の強化
○ 迎撃ミサイルに関する日米共同開発
○ 将来的な部隊配置としての共同使用
・ 高射部隊（那覇からの移転）

○ 訓練場としての共同使用
・ 上陸訓練
→中部訓練場（キャンプシュワブ/ハンセン）
津堅島（LST含む）
金武ブルービーチ（LST含む）
ホワイトビーチ（LST含む）
伊江島補助飛行場
・ 対ゲリラ戦訓練
→北部訓練場
・ 降下訓練
→伊江島補助飛行場
【グアム等の活用】
○ 共同使用・共同訓練
・ 陸自部隊の使用
・ 機動展開から島嶼奪回作戦に至る一連の総合的な訓練（島嶼防衛、海上作戦、航空作戦、陸上作戦等）

○ 宇宙分野におけるアセットの共有、宇宙状況監視のための枠作り
○ サイバー分野における脅威認識の共有、ネットワーク防護等に関する協力
○ 米戦略軍への統幕連絡官の派遣

【凡 例】
赤字 ： 沖縄本島における恒常的な共
緑字 ： グアム等における共同使用、共
紫字 ： 警戒監視等（グアム）の検討に

沖縄に陸自補給拠点
中国の離島侵攻に備え
防衛省設置へ

潜伏キリシタン
長崎・天草 集落な

カナダ

ち出した（今年末の新防衛大綱で決定）。

こうして今、南西シフト態勢の最前線基地建設、兵站拠点、そして、その機動展開態勢などが、急激に進行している。

［＊この統合幕僚監部「日米の『動的防衛協力』について」の文書には、前述したが石垣島・宮古島などへの対艦・対空ミサイル部隊の配備が明記されていない。つまり、最初の南西シフト策定では、ミサイル部隊配備は予定されていなかったのだ。これが打ち出されるのが、2015年「大臣会見想定」（同年10月）、「報道官会見」（同年8月）という情報公開提出文書である。］

第9章　日本型海兵隊・水陸機動団の発足

──「島嶼防衛」不可能を示す「奪回」作戦

西部方面普通科連隊のスタート

2018年3月に編成完了した日本型海兵隊──水陸機動団の前身は、西部方面隊の直轄部隊として2002年に発足した、西部方面普通科連隊だ（長崎県相浦駐屯地）。

この部隊の発足時期に注視してほしい。2002年であり、今から16年も前なのだ。部隊は、発足後の2006年から、早くも米海兵隊との共同訓練をカリフォルニア州サンディエゴで行い、以後今日まで毎年、米海兵隊との共同訓練を行っている。

オスプレイ、水陸両用車の配備

今回編成されたのは、水陸機動団の2個の水陸機動連隊他3千人だ。96頁の編成表にあるように、第1・第2水陸機動連隊、戦闘上陸大隊、特科大隊、偵察中隊他で編成される。

この水陸機動連隊、戦闘上陸部隊による敵前上陸で運用されるのが、水陸両用車（AAV7）であり（52両配備）、オスプレイである（17機配備。佐賀空港への配備が反対運動で延期になり木更津へ配備）。

水陸機動団は、当面、2個水陸機動連隊で運用されるが、すでに述べてきたように、沖縄本島のキャンプ・ハンセンなどに、さらに1個連隊が追加で編成され、ここに配置されるのだ。もちろん、沖縄民衆のたたかいは、この配備

写真上は、西部方面普通科連隊の米海兵隊との実動訓練「フォレストライト０１」（米海兵隊支援下におけるオスプレイ搭乗）。下は、同隊のサンディエゴでの米海兵隊と水陸両用車ＡＡＶ７で共同訓練。右頁は米海兵隊の上陸訓練

を強く拒むだろう。

「島嶼奪還」作戦を担う水陸機動団

水陸機動団の規模は、当面3個連隊の旅団クラスだが、間違いなく、部隊は大幅に増強されるだろう。

問題は、この水陸機動団が予定している「島嶼防衛戦」での作戦任務だ。

左図には、ゴムボートで潜入する水陸機動団が描かれているが、これはよく見る写真だ。編成表でいうと「偵察中隊」の任務ということになろうか。

だが、これは水陸機動団主力の作戦ではない。主力の水陸機動連隊は、海自の輸送艦に水陸両用車で乗船し、敵地の約10キロ前後の沖から、水陸両用車で発進・上陸する作戦を行う。

これはまた、空挺部隊などのヘリボーン作戦との、協同の強襲上陸としても行われる（左図の「水陸両用作戦のイメージ」参照）。

99頁には、島嶼へ空輸された上陸部隊の戦闘がイラストで描かれているが、ここでは、新たに装備された装輪走行の機動戦闘車（99両配備予定）などとともに、「敵占領部隊」の戦闘に入るのだ。

ところで、この水陸機動団が、あらかじめ「島嶼防衛戦」の「奪回」作戦のためにのみ編成されようとしていることに、自衛隊内外から批判が加えられている。「島嶼＝領土の防衛を戦わずして放棄するのか」と。

結論から言うと、戦争の歴史上、「島嶼防衛戦」の成功例が全くないことを実証するのがこの水陸機動団編成だ。日本軍の戦争でもそうであった。

水陸機動団の編成

- 水陸機動教育隊
- 後方支援大隊
- 通信中隊
- 施設中隊
- 偵察中隊
- 特科大隊
- 戦闘上陸大隊
- 第2水陸機動連隊
- 第1水陸機動連隊
- 団本部及び本部付隊

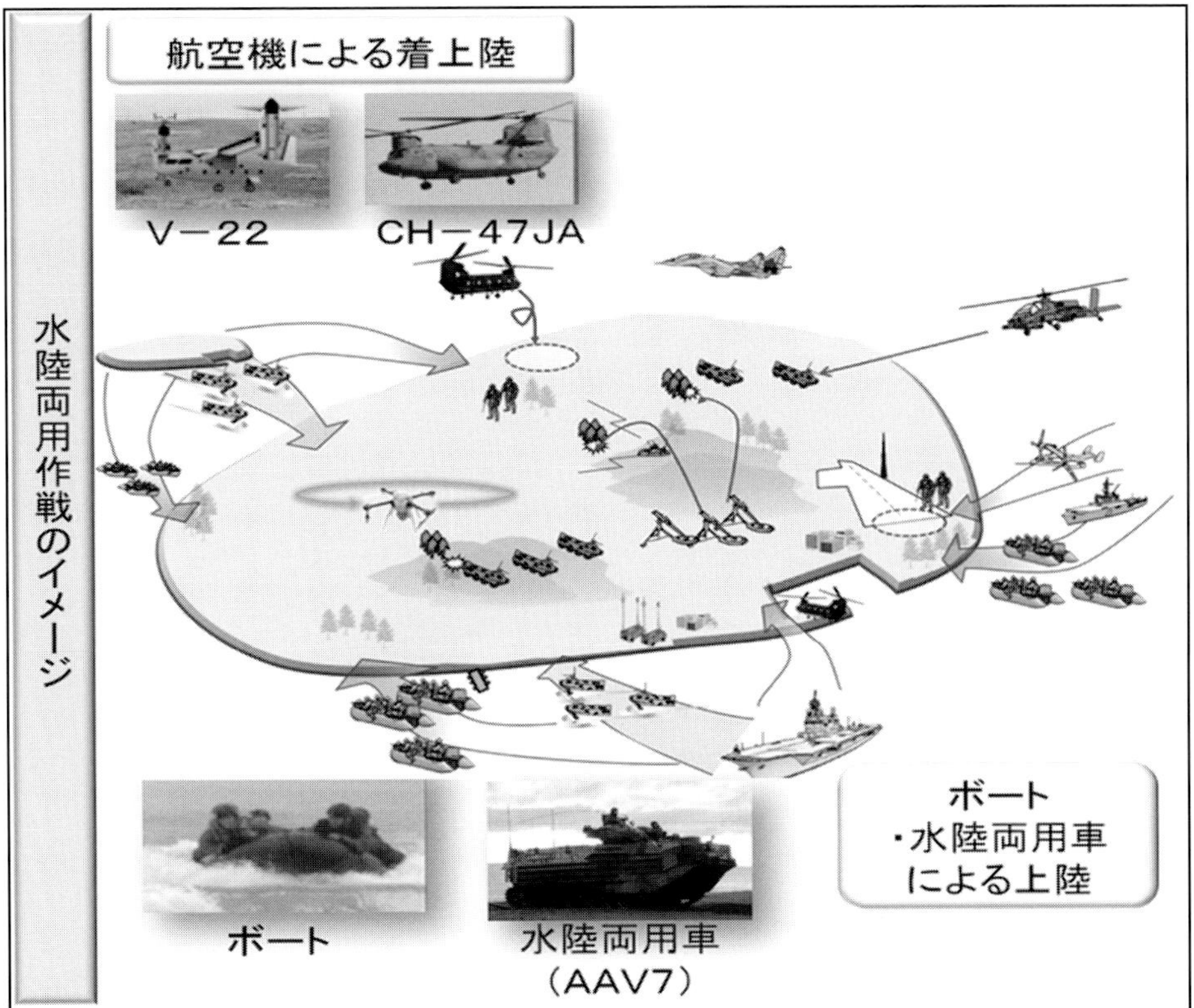

組織のイメージ

- 水陸機動団
  - 団本部等
  - 水陸機動部隊
  - 戦闘上陸部隊
  - その他の支援部隊

水陸両用車（AAV7）

ボートによる上陸

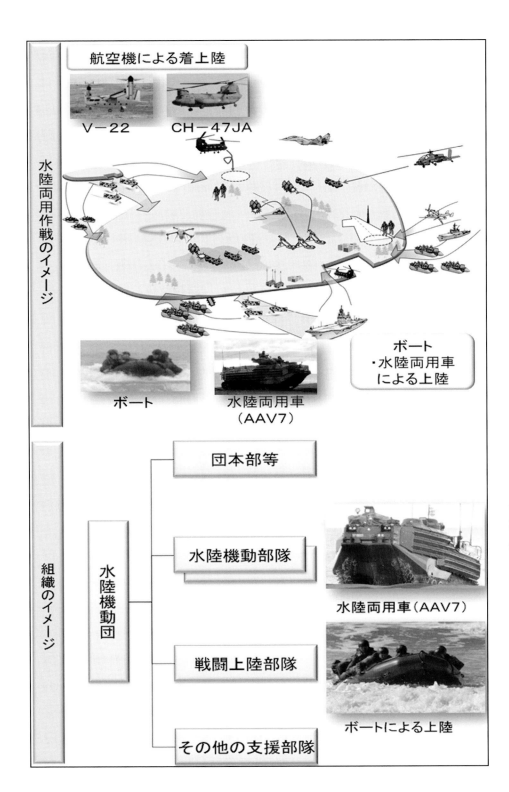

全周・全島防御の不可能性

アジア太平洋戦争下で旧日本軍は、アッツ島から始まり、ガダルカナル、サイパン、テニアン、グアム、硫黄島、フィリピン、沖縄など、太平洋の全域で「島嶼防衛戦」を戦った。

　しかし、この全ての戦闘で米連合軍に大敗北したのだ。もっとも、この敗北は、連合軍の物量に敗北した側面もないとは言えないが、それ以上に重要な敗因は、島々の防御は、敵は全周のどの地点からでも上陸できるのに対し、味方は「全周を防御」しなければならないということであった。

　また、島嶼の縦深性のなさ、島の奥に敵を引き込み、持久戦を戦うことができないことも防御の困難になる。

　さらに、かつて連合軍が島々を一つずつ攻略していったのに明らかなごとく、奄美大島、石垣島、宮古島などの島々の「全島を防御」することも不可能である。

　制服組は、ガダルカナルから始まる、サイパン、グアム、沖縄――先島諸島などの、かつての「島嶼防衛戦」の研究を続けているが、この結果は「全周・全島の防御は不可能」という結論なのである。

　したがって、水陸機動団があらかじめ「島嶼奪回」の部隊として編成されるというのは、軍事的には必然的事態だということだ。

「島嶼防衛戦」による島々の破壊

　しかし、左図の新装備の機動戦闘車（戦車と同様１０５ミリ砲搭載）が、島々に展開し戦闘を行うばかり

島嶼部に対する侵略事態対処
直接照準火力による撃破

か、「鎮西演習」などでは、陸自の10式戦車の機動展開演習まで行われている。本来、自衛隊は、このような旧来の戦車は、戦闘地域の狭い「島嶼防衛戦」には向かないから、装輪走行の機動戦闘車を開発・配備するとしたのである。だが、実際は、機動戦闘車の配備に加え、従来の戦車配備まで想定されているのが「島嶼防衛戦」なのだ。

初めての海自と水陸機動団の協同演習

２０１８年5月8日～24日までの間、九州西方海域、種子島および同周辺海域で、水陸機動団の演習が行われた。

この演習は、本年3月の水陸機動団新編以降、初めてとなる海自との協同訓練だ。

訓練は、ＡＡＶ７の海自輸送艦「しもきた」からの発進・収容訓練、また、同輸送艦からの上陸舟艇ボートの発進・収容訓練などが実施され、水陸両用作戦にかかわる陸海協同の作戦態勢づくりが演練されたということだ。

ここでも、種子島への上陸訓練（生地訓練）が、当然のように行われている。

「三種の神器」をシンボルマークにする水陸機動団

水陸機動団の部隊章は、三種の神器のひとつである「草薙の剣《くさなぎのつるぎ》」をシンボルにしている（右）。その理由を、この剣は「圧倒的強さの象徴であり、陸地に刺さることで奪回を含む強固な防衛意思を表現」しているという。また、水陸機動団のエンブレムも、部隊章と同様に、「草薙の剣」を使用している（上）。自衛隊は、戦後の民主主義下で、新たな武装組織としてスタートしたはずだが、今や、旧日本軍＝天皇制軍隊へと回帰・復活しつつある。

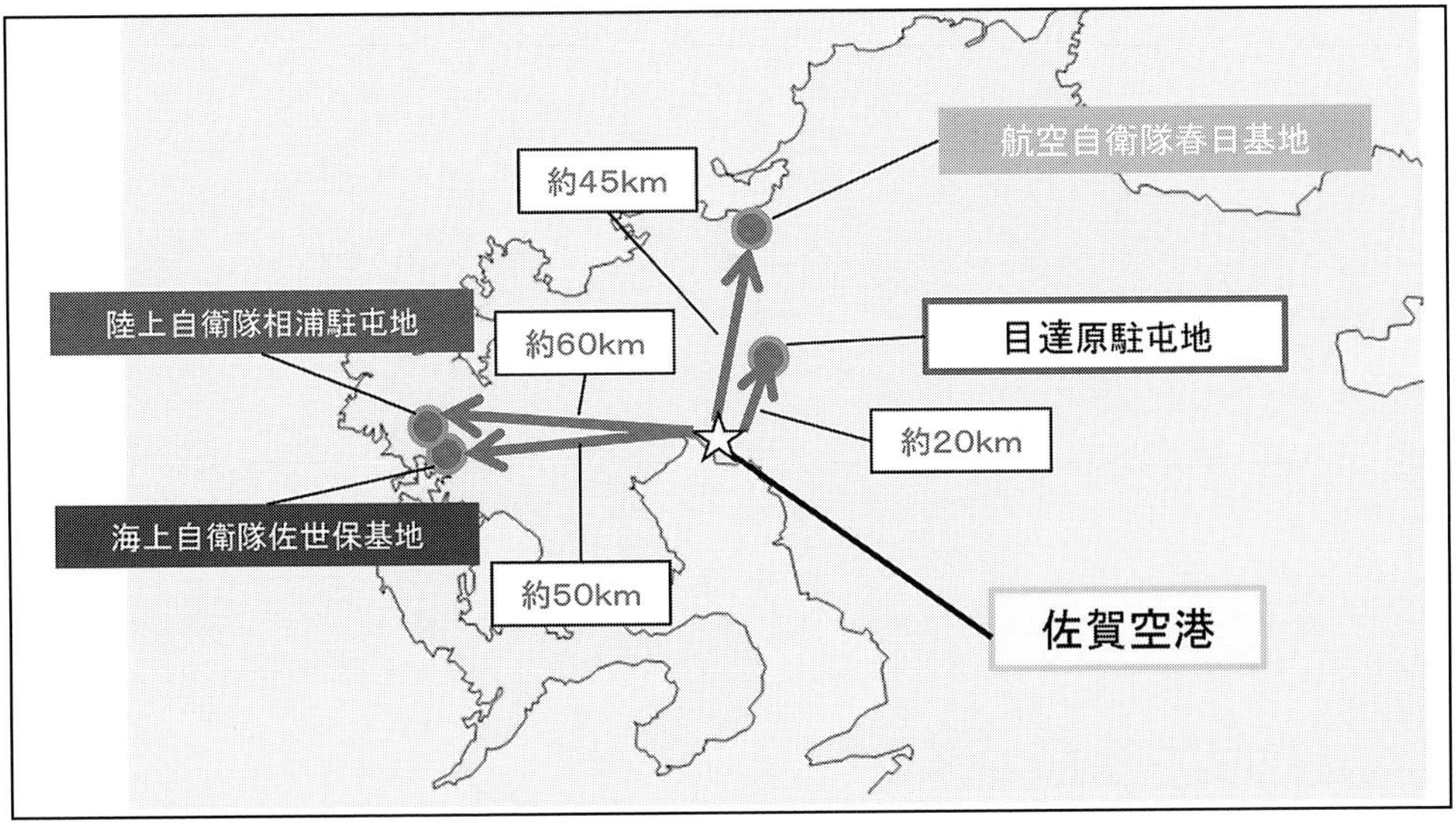

水陸機動団の配備先、相浦駐屯地とオスプレイ配備予定地の佐賀空港との距離的関係図（上）。下図は「島嶼上陸戦」でのオスプレイの作戦運用ついての説明。（佐賀県での防衛省説明会資料）

島嶼防衛のイメージ

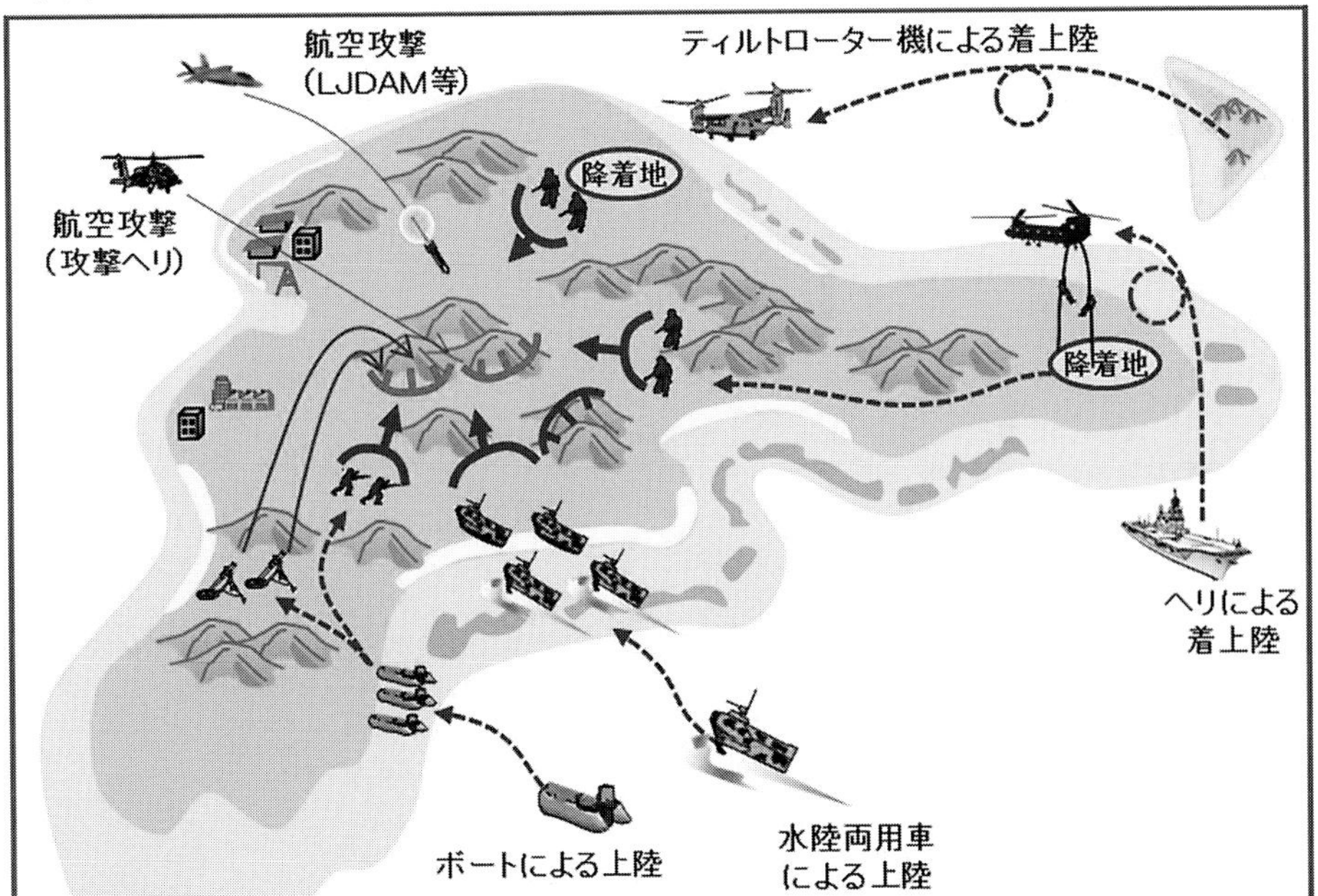

第10章　琉球列島弧を全て封鎖する海峡戦争

――自衛隊兵力の半分を動員する「島嶼防衛戦」

「島嶼防衛戦」への自衛隊の動員

さて、ここで今まで見てきた、自衛隊の南西シフト態勢の整理をしよう。

まず、現在進行している**先島――奄美大島への事前新配備は、約2千200人であり、これに沖縄本島への増強約2千人、水陸機動団約4千人のを加えると、「島嶼防衛戦」への新配備は、約8千200人**である。

しかし、すでに**沖縄本島へ配備されている部隊約7千人（2016年まで）を加えると、約1万5千人が南西諸島への配備態勢**ということだ。

この新配備に加えて、自衛隊が予定しているのが、**3個機動師団、1個機甲師団、4個機動旅団の約3〜4万人の増援――機動展開部隊**である。

これを、陸自教範『離島の作戦』（次頁下）では、方面隊規模の作戦と明記しているが、制服組の研究を検討すると、全自衛隊の半数を南西諸島へ動員する、文字通り、三自衛隊の総力をあげた「島嶼戦争」ということだ。

琉球列島弧は「天然の要塞」

この戦争は、いわゆる「通峡阻止」作戦といい、琉球列島弧の海峡、とりわけ、宮古海峡などのチョーク・ポイント（海上水路の要衝）を制圧する作戦・戦闘だ（詳細は後述）。

次頁を見てほしい。琉球列島弧を逆さま、中国側から見た箇略図だ。こうして見ると、中国は琉球列島弧に連なる日本列島に囲まれていることが分かる。つまり、日本にとって琉球列島弧は「天然の要塞」になっているのだ。

そして、琉球列島弧の内側、東シナ海は、水深200メートル前後の大陸棚で形づくられ、浅い海である。これは、潜水艦には危険な水域である（中国軍の弱点）。

自衛隊の三段階作戦

すでに、水陸機動団の作戦で述べた

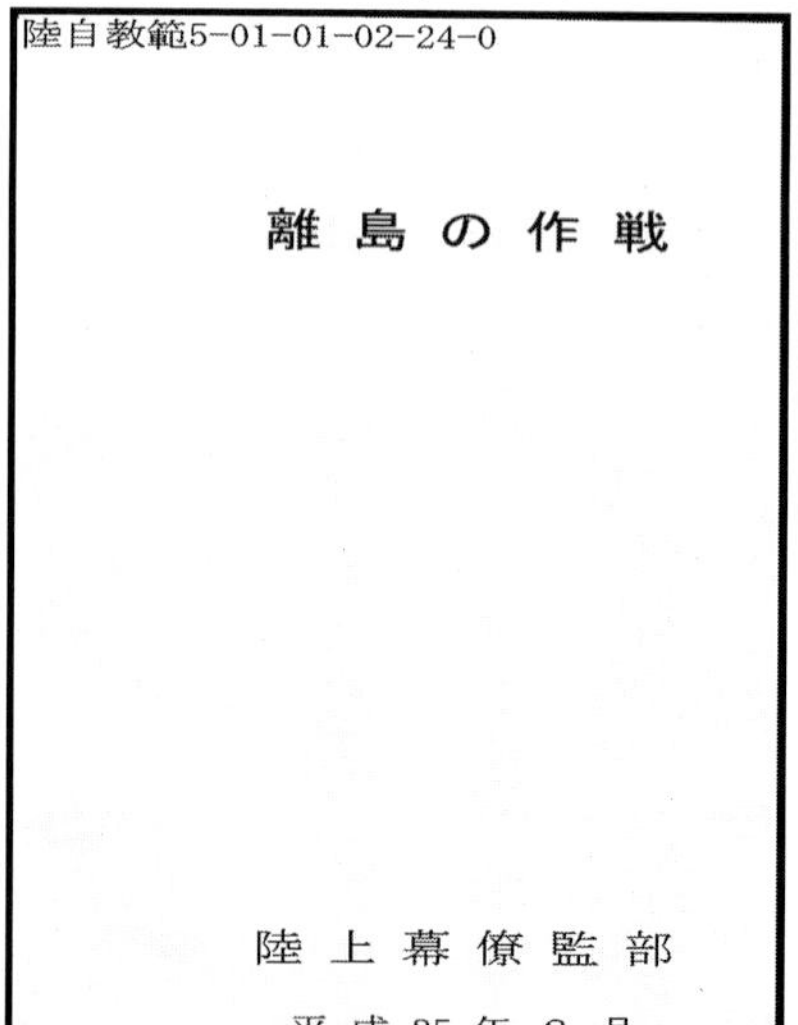
陸自教範5-01-01-02-24-0

離島の作戦

陸上幕僚監部

平成25年2月

陸上防衛態勢

- 陸上自衛隊としては、我が国が有する数多くの島嶼部や長大な海岸線といった地理的特性を踏まえた上で、陸上防衛態勢を考えることが必要です。
- このため、陸上自衛隊として下記の3段階による態勢を構築します。
  - ① 第一段階は、平素からの部隊等配置による抑止態勢の確立
  - ② 第二段階は、機動運用部隊等の実力部隊による緊急的かつ急速な機動展開
  - ③ 第三段階は、万一島嶼部の占領を許した場合における、水陸両用部隊による奪回
- この際、地域的に対処態勢の欠落が生じないよう所要の態勢を維持します。

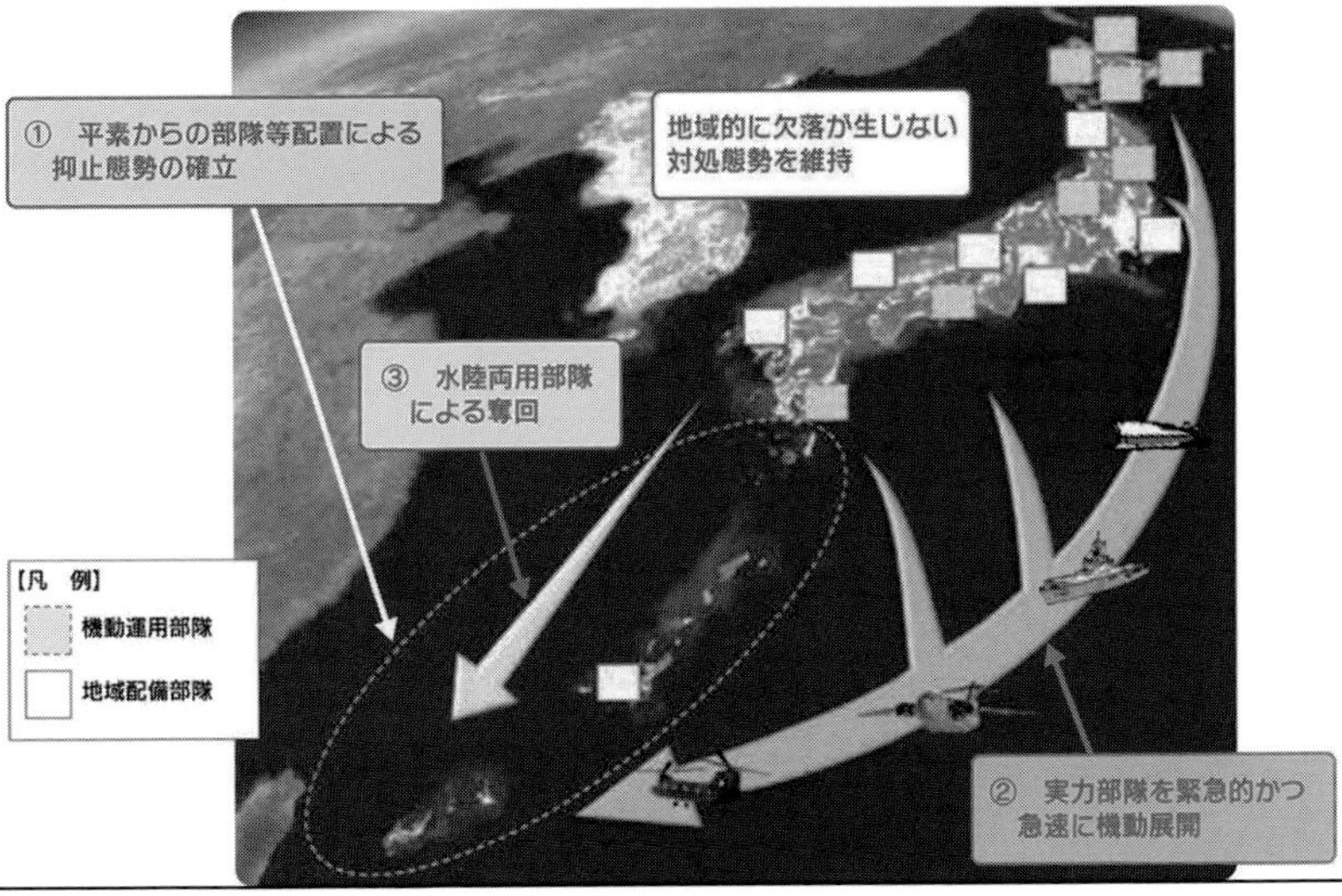

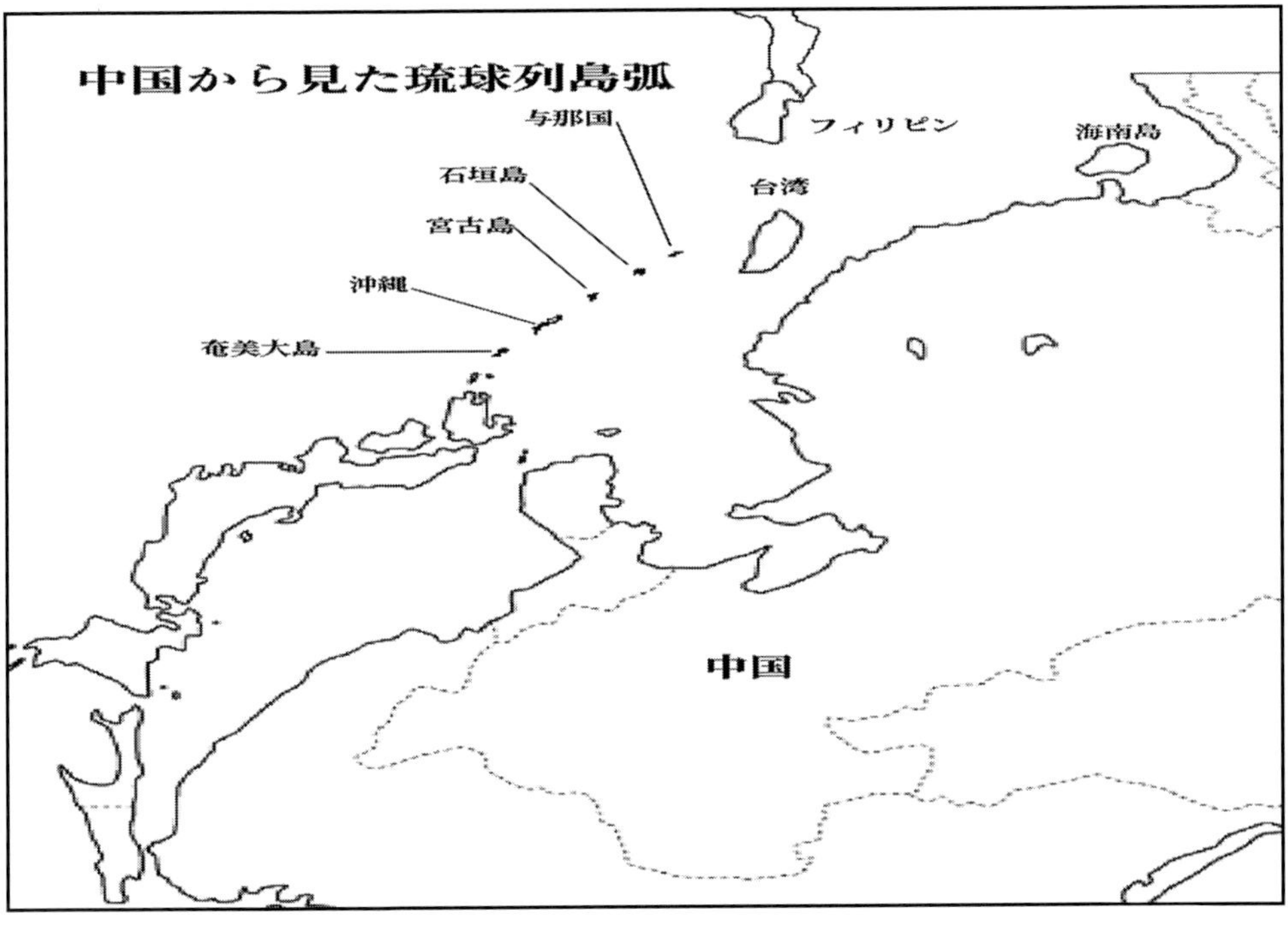

が、自衛隊が想定する「島嶼防衛戦」は、「事前配備」「機動運用部隊の緊急かつ急速な機動展開」、そして「水陸機動団による奪回」の三段階作戦からなりたっている（103頁上図）。

この作戦構想は、すでに2000年に大幅に改定された陸自教範『野外令』によっても明記されている（この改定で、陸自は初めて「離島の防衛」を策定）。

これを下図の「統合機動防衛力」構想（次章）から見ると、「先遣部隊」（事前配備）の「即応展開」→「即応機動連隊」の「1次展開」→「機動師団・旅団」の「2次展開」→「増援部隊」の「3次展開」となる。

3個機動師団・1個機甲師団
4個機動旅団の即応部隊の指定

陸自は、頁左のように、九州・熊本の第8師団、山形県の第6師団、北海道の第2師団を機動師団に（第7師団を機動機甲師団）指定、善通寺の第14旅団を筆頭に、群馬の第12旅団、北海道の第5旅団、同第11旅団を機動旅団に指定している。

この機動師団・機動旅団隷下で、すでに第15即応機動連隊（善通寺）が編成され、他の部隊でも順次、編成される予定だ。

頁左図を参照すると、この即応機動連隊には、最新式の機動戦闘車が配備されるほか、火力支援中隊（野戦特科）・高射小隊（高射特科）が編成される。要するに、従来の普通科連隊とは決定的に異なる、重装備部隊である。

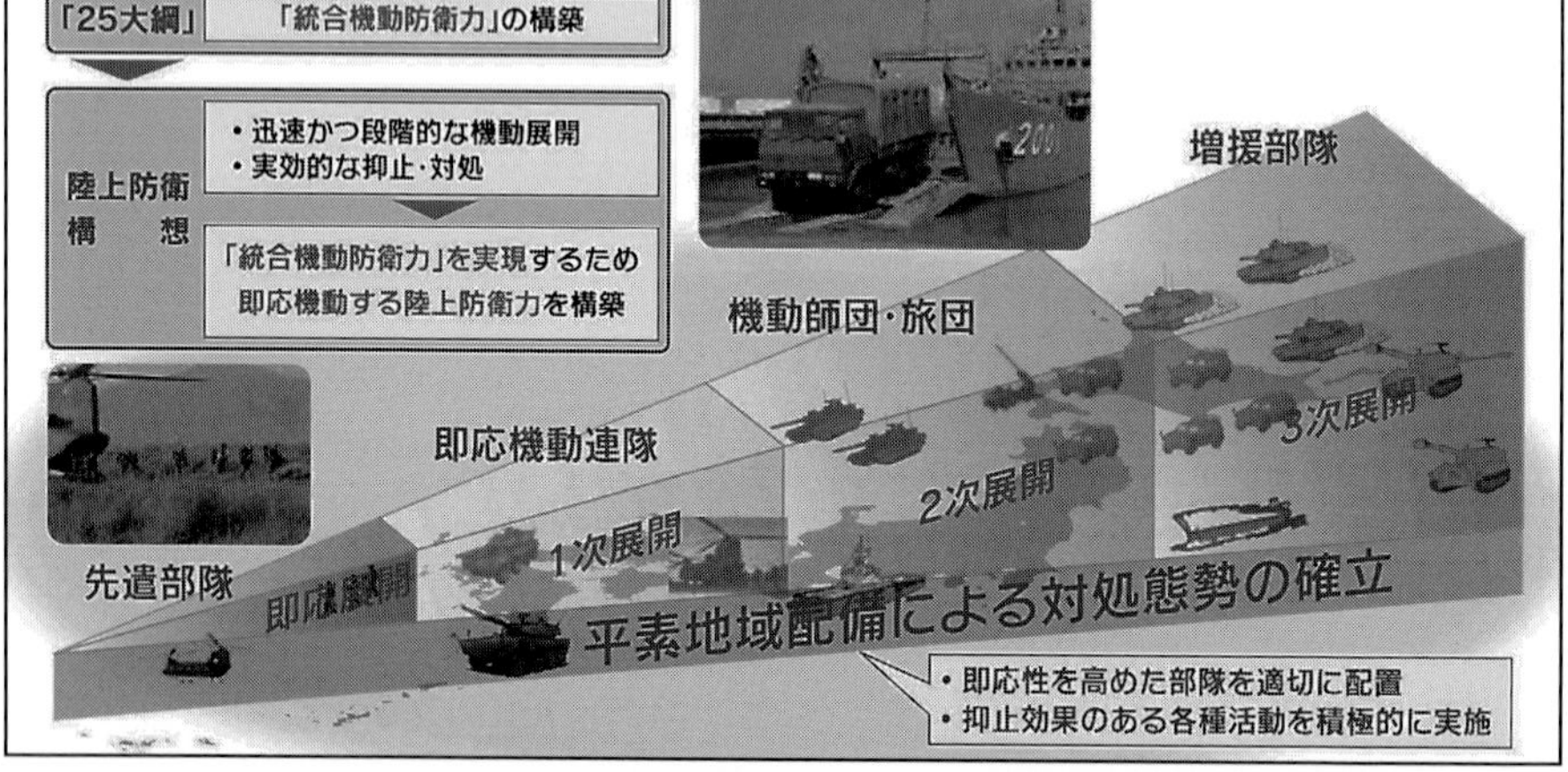

■陸上自衛隊の将来態勢
陸上防衛構想～「統合機動防衛力」の実現～
・陸上自衛隊として、「25大綱」の「統合機動防衛力」を実現するため、「即応機動する陸上防衛力」を構築し、迅速かつ段階的な機動展開を行って、抑止・対処します。
「25大綱」
「統合機動防衛力」の構築
陸上防衛構想
・迅速かつ段階的な機動展開
・実効的な抑止・対処
「統合機動防衛力」を実現するため即応機動する陸上防衛力を構築
増援部隊
機動師団・旅団
即応機動連隊
先遣部隊
即応展開
1次展開
2次展開
3次展開
平素地域配備による対処態勢の確立
・即応性を高めた部隊を適切に配置
・抑止効果のある各種活動を積極的に実施

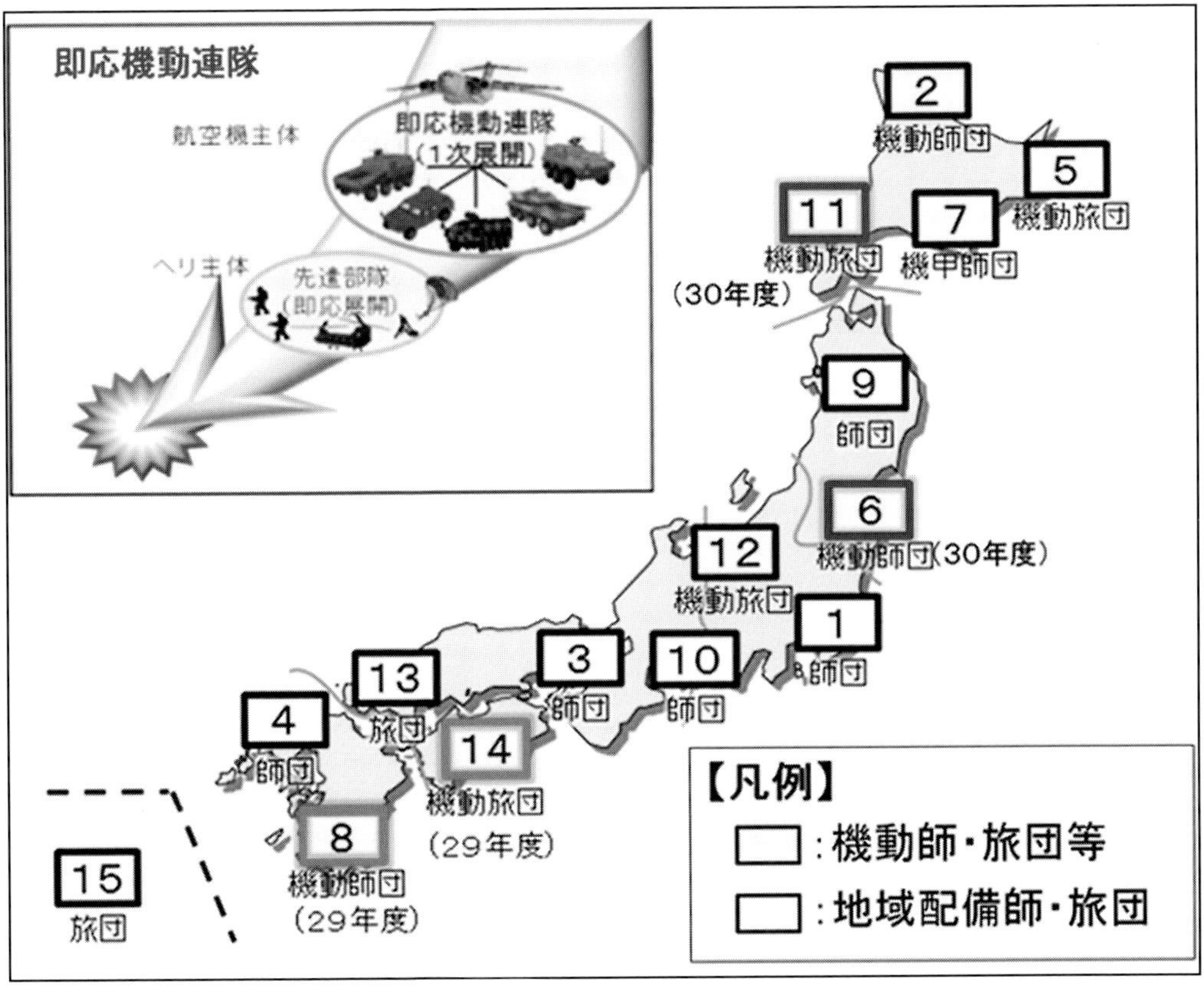
即応機動連隊
航空機主体
即応機動連隊
（1次展開）
ヘリ主体
先遣部隊
（即応展開）
2
機動師団
5
機動旅団
11
機動旅団
（30年度）
7
機甲師団
9
師団
6
機動師団（30年度）
12
機動旅団
1
師団
3
師団
10
師団
13
旅団
4
師団
14
機動旅団
（29年度）
8
機動師団
（29年度）
15
旅団
【凡例】
：機動師・旅団等
：地域配備師・旅団

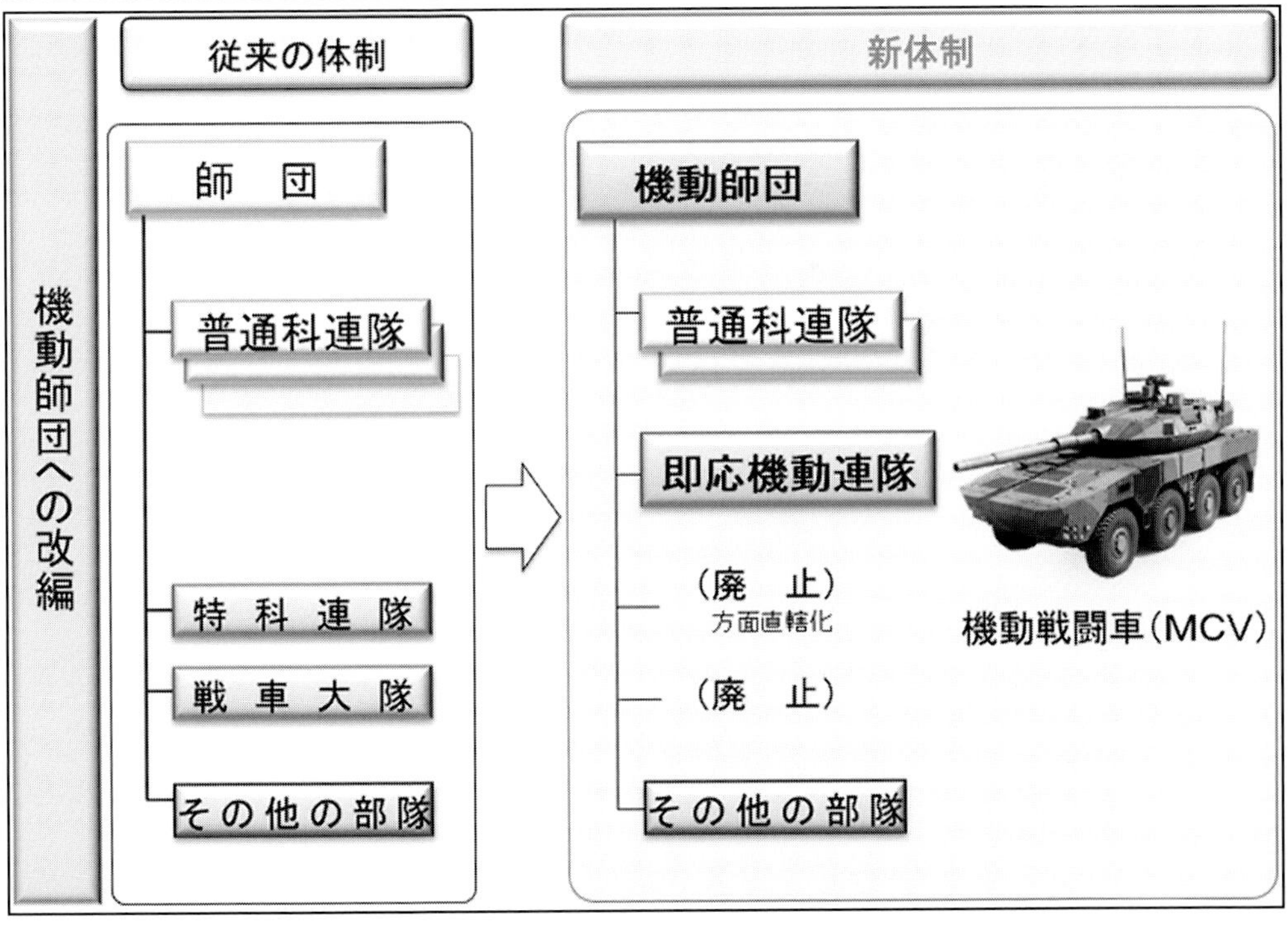
機動師団への改編
従来の体制
師　団
普通科連隊
特　科　連　隊
戦　車　大　隊
その他の部隊
新体制
機動師団
普通科連隊
即応機動連隊
（廃　止）
方面直轄化
（廃　止）
その他の部隊
機動戦闘車（MCV）

第11章「動的防衛力」から「統合機動防衛力」へ

――「南西統合司令部」の創設

新大綱の「統合機動防衛力」とは

頁下・頁左図は、防衛白書の「島嶼防衛戦」を紹介する図だ。ここ数年、防衛白書は、これが重点記述である。

かつての旧日本軍の「島嶼防衛戦」の経験を踏まえれば、当然にも、この作戦では「海上・航空の優勢を確保」（制海・制空権）が作戦の基本となる。

もちろん、すでに見てきた、琉球列島弧のチョーク・ポイントの封鎖―通峡阻止作戦では、これら海上・航空の優勢を確保しながら、艦対空、空対艦、空対空、艦対艦の対空・対艦・対水上戦や、対潜戦、機雷戦が、つまり、「統合的な戦闘」が重要になってくる。これが、2013年「防衛計画の大綱」で策定された「統合機動防衛力」の概念である。

2010年の「防衛計画の大綱」では、自衛隊の運用を重視する「動的防衛力」（基盤的防衛力からの変更）が策定されたが、わずか3年もたたずに変更された。

この新概念は、統合運用能力の強化をはかるとともに、南西諸島への機動展開能力を強化することが目的だ。このために、制服組は、

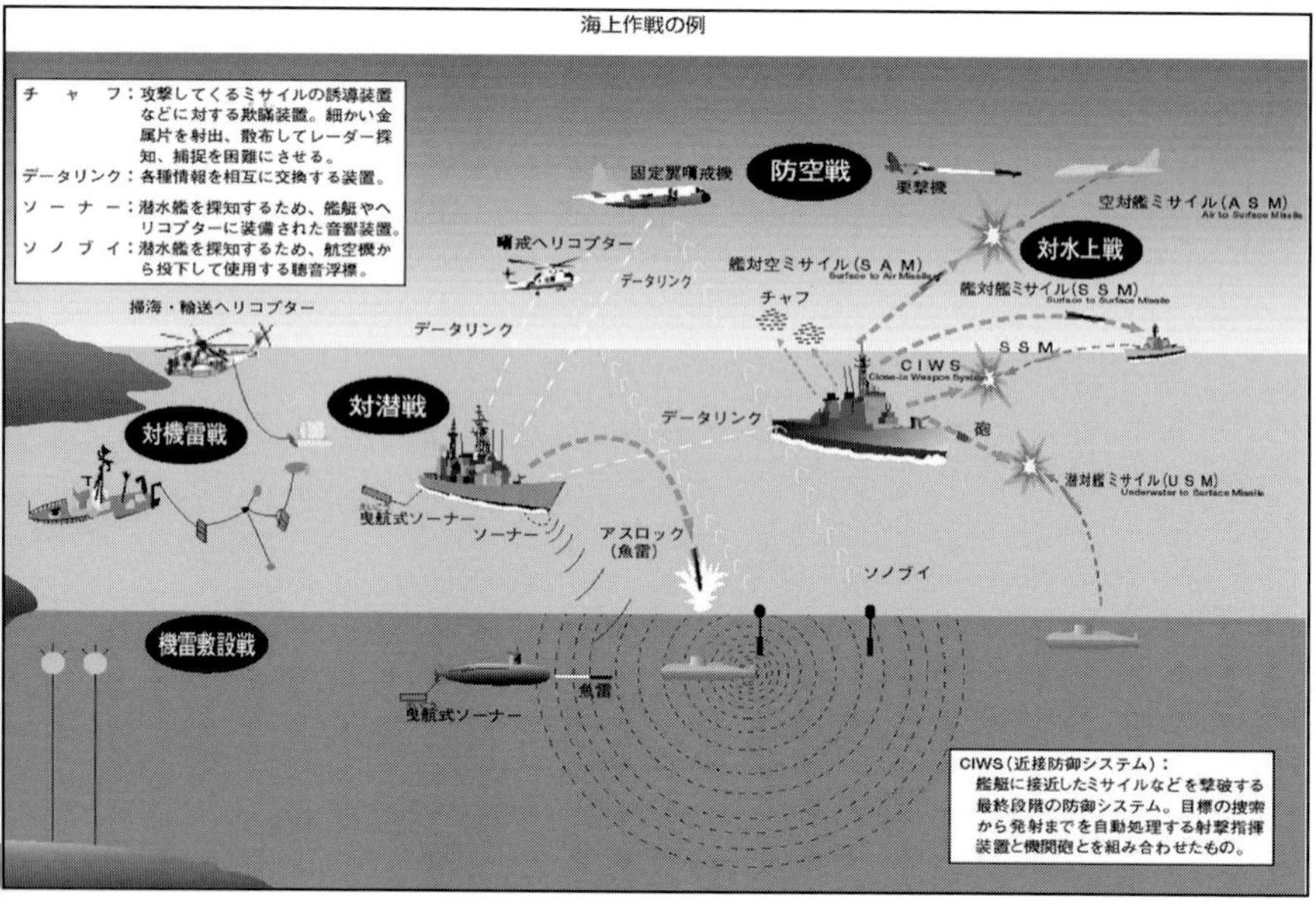

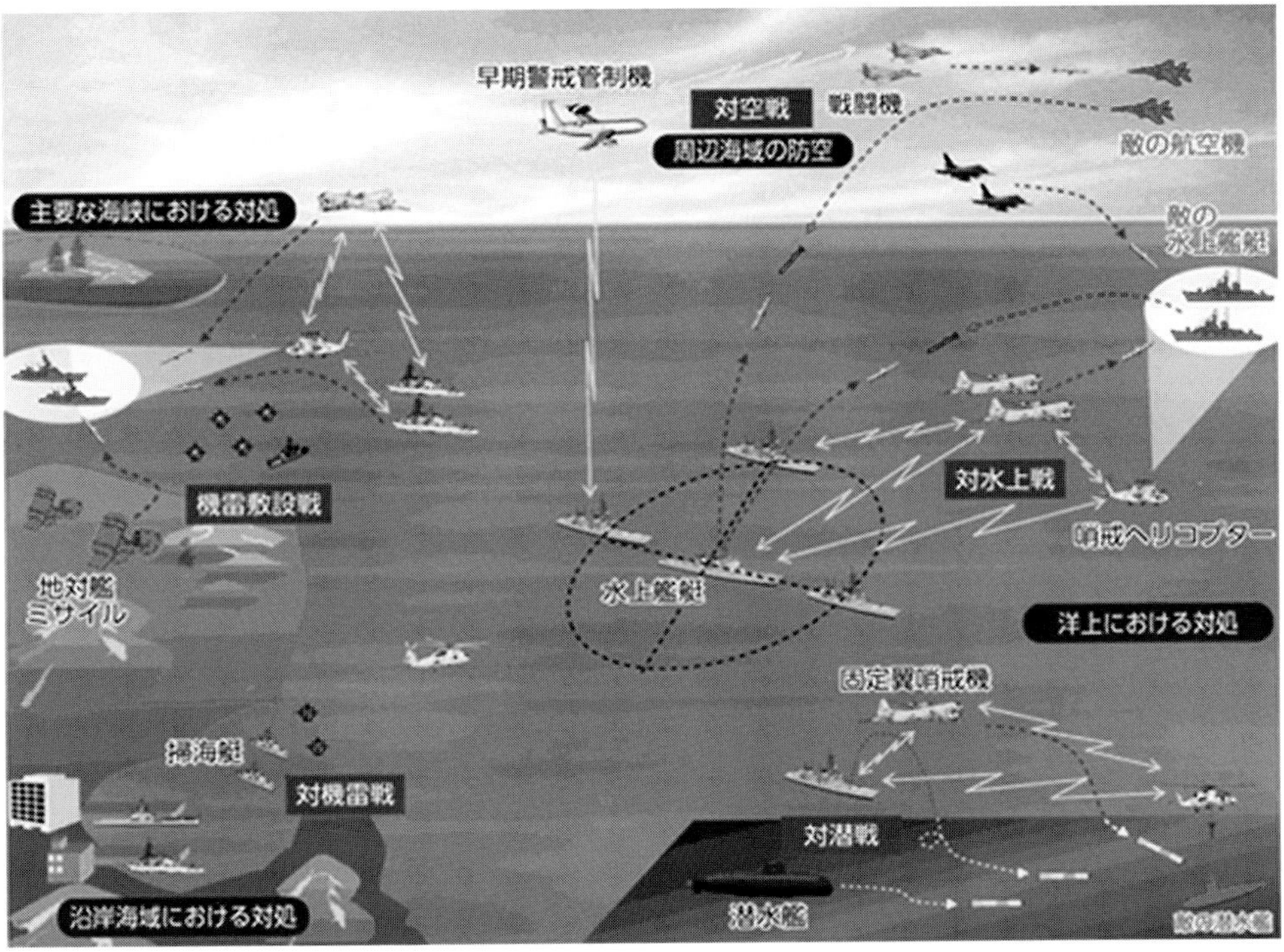
早期警戒管制機
対空戦
周辺海域の防空
戦闘機
敵の航空機
主要な海峡における対処
敵の水上艦艇
機雷敷設戦
対水上戦
哨戒ヘリコプター
地対艦ミサイル
水上艦艇
洋上における対処
固定翼哨戒機
掃海艇
対機雷戦
対潜戦
沿岸海域における対処
潜水艦

島嶼防衛のイメージ図

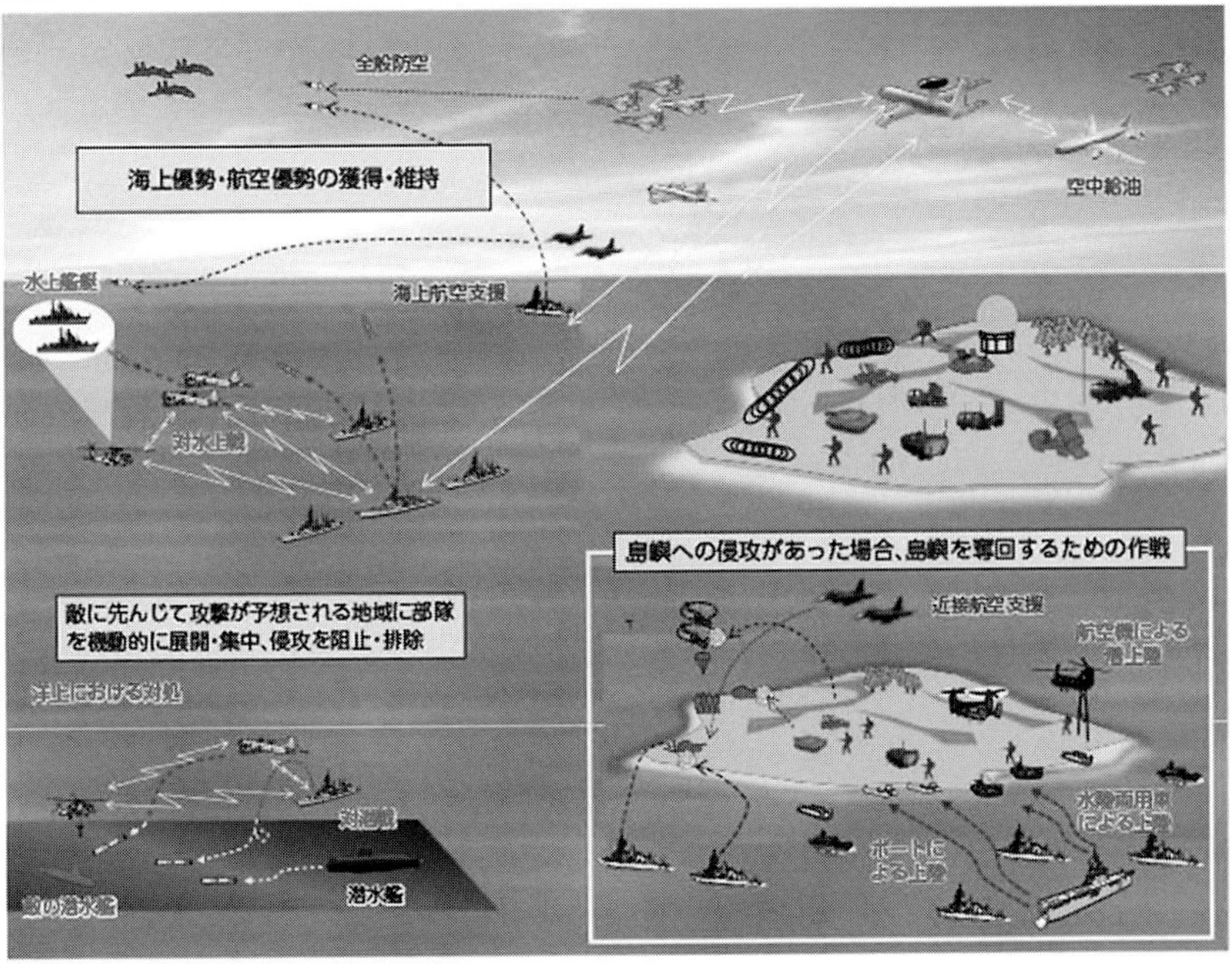
全般防空
海上優勢・航空優勢の獲得・維持
空中給油
水上艦艇
海上航空支援
島嶼への侵攻があった場合、島嶼を奪回するための作戦
近接航空支援
敵に先んじて攻撃が予想される地域に部隊を機動的に展開・集中、侵攻を阻止・排除
洋上における対処
潜水艦
ボートによる上陸
水陸両用車による上陸

すでに南西諸島方面の「常設統合司令部」設置を要求し、自民党もまた、2018年末に改定される新防衛計画の大綱において、この「南西統合司令部」の設置を求めている。

結局、この設置によって、後述する「陸上総隊」の新編とともに、軍令の独立化傾向が一挙に強まることとなる。旧日本軍で言えば、陸軍参謀本部・海軍軍令部のごとく、作戦などの軍令事項は、天皇直結の独自の指揮系統にする。要するに、陸・海軍の大臣は、議会などの軍政にもっぱら責任をもたせ、軍令に関与しないということだ。

つまり、「東シナ海戦争」態勢を進める自衛隊は、「前線司令部＝南西統合司令部」という軍令部の独立化を謀り、政治の関与を避けた戦争態勢をとろうとしているのである。

「島嶼奪回上陸戦」の指揮を執る海自・掃海隊群

「南西統合司令部」設置の動きを先取りして、自衛隊の南西シフト態勢は、今や急速に進んでいる。その重要な問題が、2016年7月1日、海自・掃海隊群の編成替えだ。

これは、これまで護衛艦隊の隷下にあり、大型輸送艦3隻（「おおすみ」「しもきた」「くにさき」）で編成する第1輸送隊（呉）が、掃海隊群隷下に編成替えとなったことだ。掃海隊群が海自の輸送艦隊を指揮するというのは、奇妙に見える

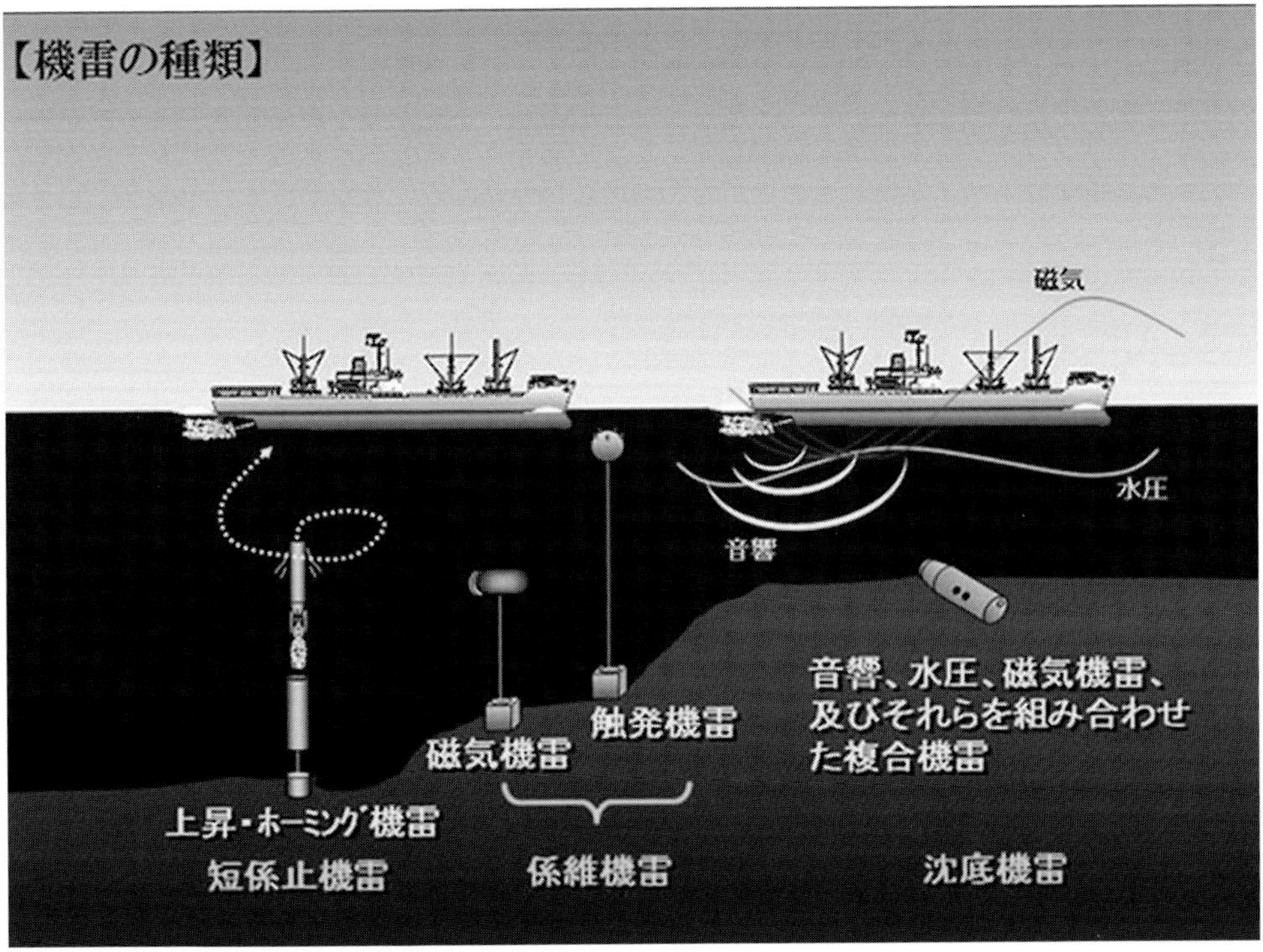
【機雷の種類】
磁気
水圧
音響
音響、水圧、磁気機雷、
及びそれらを組み合わせた複合機雷
触発機雷
磁気機雷
上昇・ホーミング機雷
短係止機雷
係維機雷
沈底機雷

が、これは明らかに「島嶼奪回」作戦を意図したものだ。つまり、「島嶼奪回」作戦を先導するのは、掃海隊群傘下の対機雷戦部隊（掃海艇）であり、その先導（機雷掃海）なしには、島々には一歩も近づけない。

こうして、掃海隊群は、対機雷戦および水陸両用戦を担う部隊として編成されたのだ（司令部は横須賀。機雷戦部隊は横須賀、呉、佐世保に配備する掃海母艦ほかの対機雷戦艦艇で編成され、水陸両用戦部隊は、呉に配備する輸送艦などで編成）。

言い換えると、この再編目的は、掃海隊群に第1輸送隊を組み合わせることで、「島嶼奪回」作戦を行う際には、この強襲揚陸（上陸）の指揮を掃海隊群が執るということだ。２０１８年5月に初めて行われた、海自と水陸機動団との協同訓練では、間違いなく指揮を執ったのは、この海自の掃海隊群司令であろう。

付け加えれば、掃海隊群の改編と「島嶼奪回」作戦の指揮に見るように、想定される「島嶼防衛戦」の最初の重要な戦闘が、機雷戦・対機雷戦である。海自は、掃海母艦「うらが」（前頁写真）などの機雷戦では、米軍をもしのぐ世界一の戦力を保持している。のみならず、その対機雷戦でも、優れた実戦を経験しているのだ（１９９１年ペルシャ湾掃海艇派兵など）。

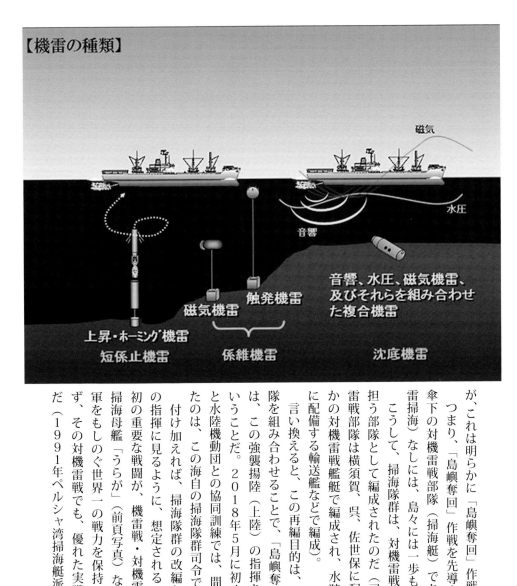

第12章　陸上総隊の新編は南西有事態勢づくり

――軍令独立化による制服組の台頭

「外征軍」としての編成

陸自は、三自衛隊の統合運用については、２００６年「統合幕僚監部」「統合幕僚長」を新編した。そして、２０１８年３月、水陸機動団の新編と同時に陸上総隊を新たに編成したのである。

　この新編に際して、制服組などは、海空と異なり、陸自には中央での統一組織がなかったから、という理由を上げている。問題は、陸自がなぜ戦後、この統一組織を作らなかったかだ。

　もともと陸自の作戦部隊の単位は、方面隊であり、方面総監は防衛大臣の直接の指揮を受けていた。方面隊は、傘下の数個の師団・旅団などで編成され、北部方面隊・東北方面隊・東部方面隊・中部方面隊・西部方面隊と５個で編成されている。この方面隊は、地方を管轄する部隊であるとともに、その地方の独立指揮を執る権限を持つ部隊だ。

　方面隊が独立して指揮を執るという編成は、もともと自衛隊が国内での戦争だけを想定していたからである。この意味では「専守防衛」の軍事力であったとも言える。

　ところが、南西シフト態勢への動員が始まり、「統合機動防衛力」としての編成が強化されるにしたがい、陸自の制服組の軍令独立化要求が強まってくるのだ。

シビリアン・コントロールの崩壊

　この流れは、２００９年「防衛参事官会議」の廃止からさらに加速している。いわゆる、シビリアン・コントロール、自衛隊の「文官統制」とは、省内の９人の局長からなる「防衛参事官会議」が、直接、防衛大臣を補佐する制度であった。これが廃止され、制服組と文官共同の「防衛会議」が、新たに大臣を補佐する組織として設置された。

共同とは名ばかりで、実際は、制服組が権限を有することは明らかだ。結局、この統合幕僚監部・統合幕僚長の新編→防衛会議設置→陸上総隊新編という形で、制服組は台頭してきたのである。

　まさしく、陸上総隊の新編は、続く「南西統合司令部」の創設とともに軍令の独立化――制服組の「軍部」としての登場の大きな契機だ。そしてまた、この編成は、自衛隊がついに「外征軍」として展開し始めたことを現している。

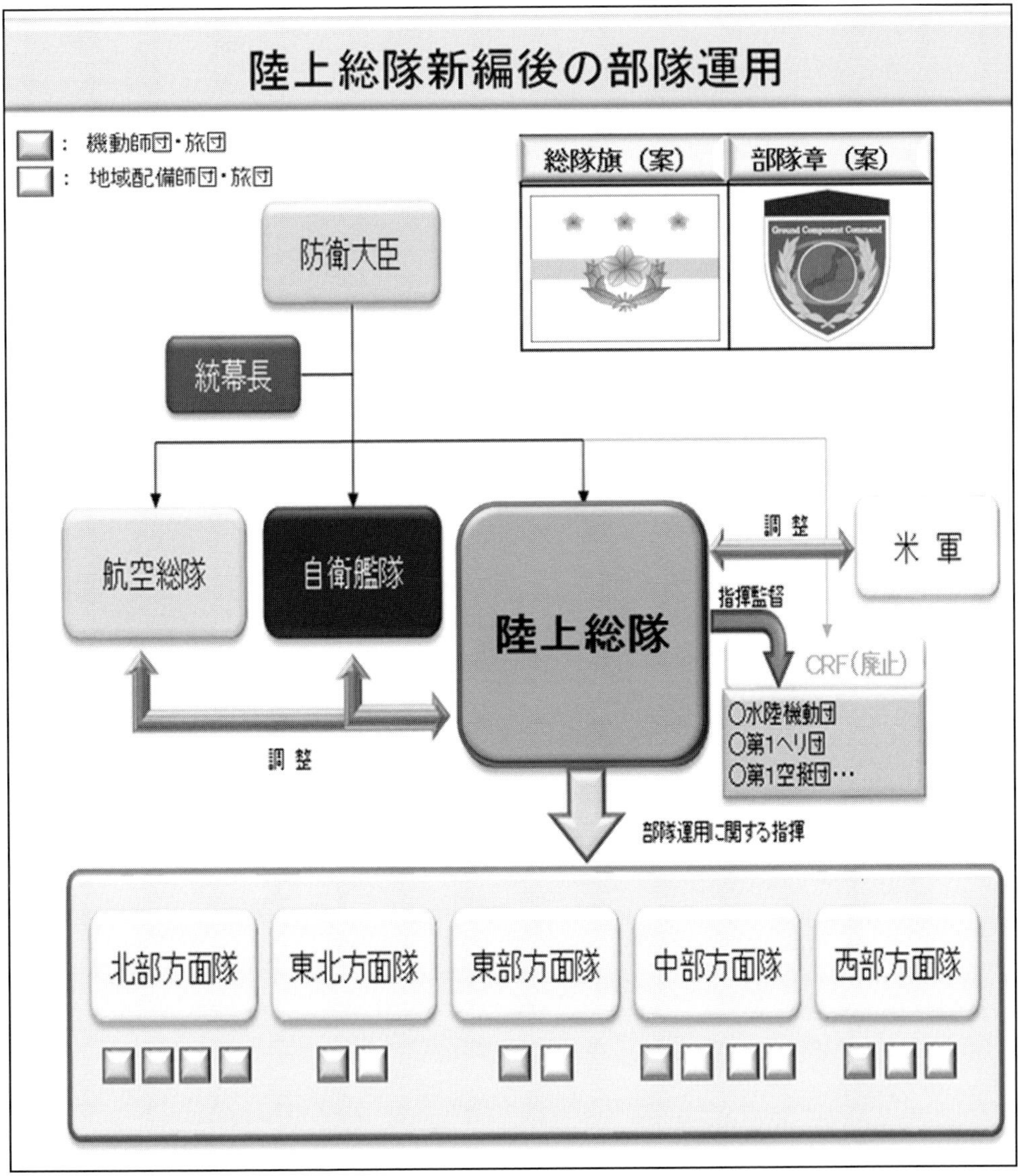

上は防衛省が同省サイトで公表している陸上総隊新編後の部隊運用図

第13章　南西諸島への機動展開・動員態勢

――進行する民間船舶の動員・徴用

南西シフト下の機動展開態勢

すでに、統合機動防衛力態勢下で、南西諸島への機動展開が重点的に構築されていることを明らかにしてきたが、この態勢づくりは、２０１４年にさかのぼる。

同年の統合幕僚監部発行の「自衛隊の機動展開能力向上に係る調査研究」（１１５頁に表紙「取扱注意」とあり）では、全国のフェリーなどの国内船舶全般の保有・経営・運航などの状況が徹底して調べ上げられ、これをもとに民間船舶の有事動員態勢、予備自衛官の動員、石垣島・宮古島・沖縄本島などの南西諸島の港湾の詳細な調査がなされ、有事動員態勢に向けた取組の方向性が示されている。

カーフェリーなどの動員態勢

この文書の中で提案され、すでに実現しているのが、ＰＦＩ船舶（Private Finance Initiative）の平時・有事の動員だ。ＰＦＩ船舶とは、民間を事業主体とし、その資金やノウハウを活用して、公共事業を行う方式である。だが、自衛隊によるこのＰＦＩ船舶づくりとは、実態はないようなものだ。

実際に、民間船舶を使用する事業契約を防衛省と結んだ船舶会社「高速マリン・トランスポート株式会社」（東京都千代田区）は、登記簿上の会社所在地に事務所が存在せず、大手商社内に間借りしているという（しんぶん赤旗２０１６年9月13日付）。

この会社の登記簿などによると、同社は自衛隊を輸送する民間船舶を所有するため、フェリー会社など8社が出資して設立（資本金は5千万円）。これらの会社が、運航・管理する民間フェリー2隻も、決定している。

所有する船は、津軽海峡フェリー（北海道函館市）の「ナッチャンＷｏｒｌｄ」と新日本海フェリー（大阪市）の「はくおう」である。

そして、この「ナッチャンＷｏｒｌｄ」を動員した機動展開訓練が、すでに紹介した西部方面隊の「鎮西演習」である。ここでは、南西諸島に機動展開する、自衛隊員、車両、戦車などの戦時輸送訓練が頻繁に行われている。次頁上は、奄美大島に車両部隊を輸送する「ナッチャンＷｏｒｌｄ」だ。

１１４頁の統合幕僚監部の「調査研究」文書の「有事対応パターン整理」には、先島諸島の「戦闘地域」に輸送される、ＰＦＩ船舶の「輸送範囲」が「危険地域度」として図示されている。だが、「島嶼防衛戦」においては、図示されるような先島地域だけが危険というのではない。全ての輸送航路が、輸送船が攻撃対象である。

船員組合の反対と予備自衛官の動員

この統合幕僚監部文書で、さらに提起されているのが、これらの船舶に乗船する、予備自衛官補制度の創設である（翌々年に法制化）。

つまり、有事ばかりではなく平時にまで自衛隊に常時動員するには、民間船員では不可能ということから、海自にはなかった予備自衛官補制度を新設するというわけだ（自衛隊法では、有事に船舶・船員は、徴用される）。

これらの動きに対し、猛烈に反対しているのが、「全日本海員組合」だ（次頁）。同組合は、アジア太平洋戦争で戦時動員され、日本海軍の死亡率を遥かに超える６万人以上の船員が戦死した歴史に踏まえ、この自衛隊の戦時動員態勢づくりを厳しく批判している。

先島諸島などの港湾調査

右の統合幕僚監部の文書では、もう一つの重要な調査が行われている。

この内容とは、沖縄本島、とりわけ石垣島・宮古島・与那国島などの南西諸島の港湾の詳細な実測調査などが行われ、これらの港湾の軍事使用、有事機動展開拠点、兵站拠点としての利用が打ち出されていることだ。

同文書の「南西諸島の港湾施設の概要」（70頁）などには、石垣港、宮古島・平良港などの水深、岸壁長、特徴（1万トン級船舶が入港可能か）などが、詳細に調べ上げられている

すでに、石垣島、宮古島などには、海自の艦艇が、演習や災害派遣を名目として、日常的に展開してきているのだが、この目的が有事利用への地ならしであることは明白となっている。

このように、今や、「島嶼防衛戦」の名の下に、「平時」からの凄まじい有事動員態勢が作られようとしているのだ。

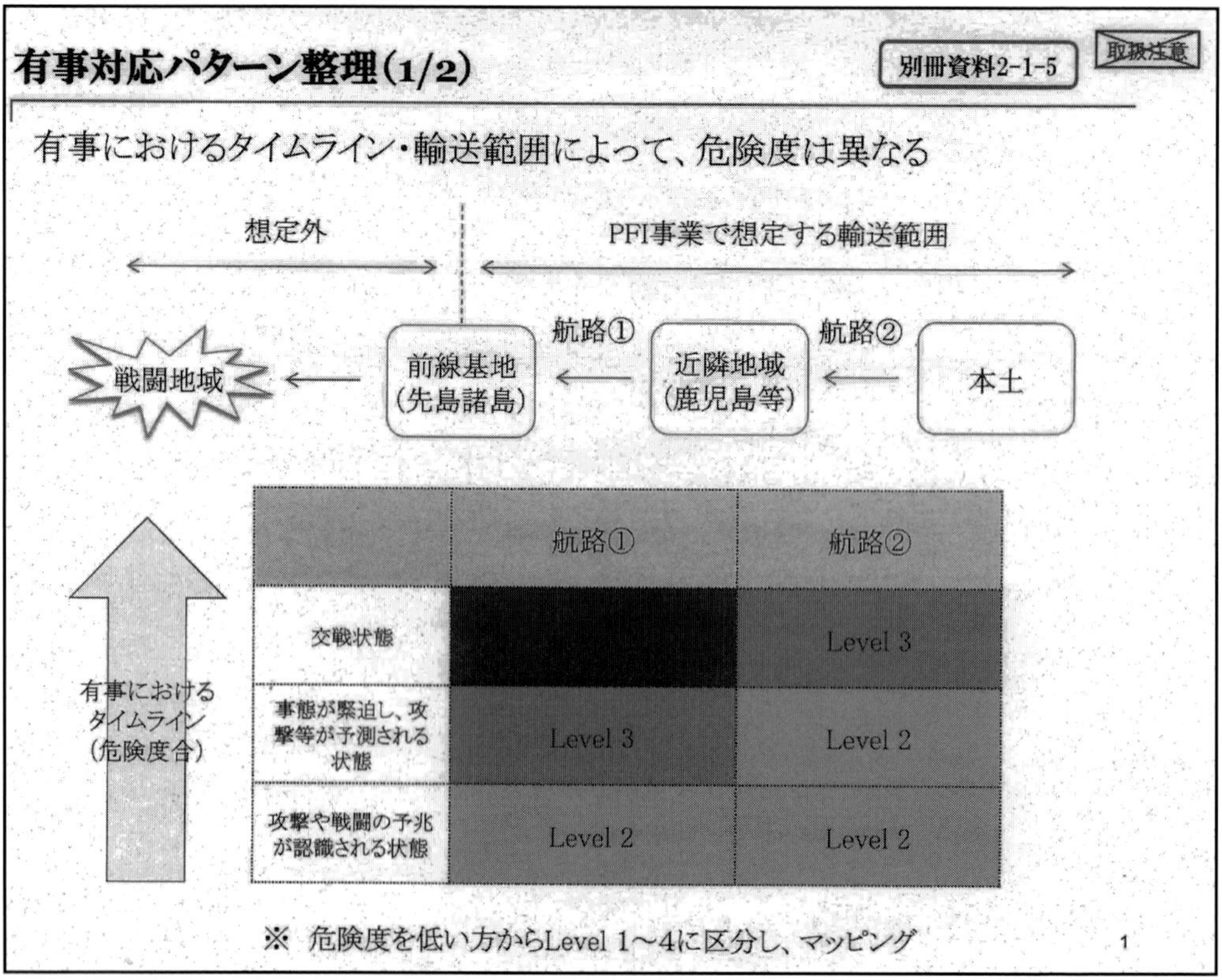
有事対応パターン整理(1/2)
別冊資料2-1-5
取扱注意
有事におけるタイムライン・輸送範囲によって、危険度は異なる
想定外
PFI事業で想定する輸送範囲
戦闘地域
前線基地（先島諸島）
航路①
近隣地域（鹿児島等）
航路②
本土
有事における タイムライン （危険度合）
	航路①	航路②
交戦状態	[redacted]	Level 3
事態が緊迫し、攻撃等が予測される状態	Level 3	Level 2
攻撃や戦闘の予兆が認識される状態	Level 2	Level 2
※ 危険度を低い方からLevel 1～4に区分し、マッピング
1

今号の主な記事

2面　民間船員を予備自衛官補とすることに断固反対する申し入れ（各政党・関係省庁へ）
3面　第61回政治活動委員会定期総会／第342回全国評議会
4面　家族目線で船員災害防止を促進

船員しんぶん

◆ホームページアドレス http://www.jsu.or.jp ◆Eメールアドレス

全日本海員組合発行 第2792号

2016年（平成28年）2月5日

民間船員を予備自衛官補とすることに断固反対する ―― 組合声明発表 ――

緊急記者

本組合は1月29日、午後4時から本部（六本木）で緊急記者会見を開催し、防衛省が進めている民間船員を予備自衛官補にすることについて、断固反対する声明を発表した。防衛省が平成28年度の国家予算案に、民間フェリー船員など21人を予備自衛官補として採用するための予算を計上したことに対し、本組合は緊急記者会見を開催、「民間船員を予備自衛官補とすることに断固反対する」声明を発し姿勢を明確にした。記者会見にはテレビ局（NHK）をはじめ、新聞社のほか、海運業界紙誌の多くの報道関係者

緊急記者会見で組合声明を発表する森田保己組合長（中央）

これまでの経緯

[illegible]

~~取扱注意~~

防衛省統合幕僚監部

自衛隊の機動展開能力向上に係る調査研究

調査研究報告書

2014年3月13日

第14章　先島諸島などからの戦時治療輸送

――始まった「統合衛生」態勢づくり

空自入間基地の新病院の役割

昨年、筆者のもとに入間市の市民の方から問い合わせがあった。「入間基地の近くには、防衛医大病院という大きな自衛隊病院があるのに、同基地の近くに自衛隊病院を造ると自衛隊は言っている（防衛省用地内）。どういう性格の病院なのか」と。

この病院とは、２０２１年開設予定の、空自入間基地の隣接地（東町側留保地）に造られる予定の病院だが、これは明らかに、自衛隊の「野戦病院」だ。

これを示すのが、改竄・隠蔽された、統合幕僚監部の「日米の『動的防衛協力』について」のもとになった文書の一つ、統合幕僚監部の文書である（「防衛力の実効性向上のための構造改革推進に向けたロードマップ～動的防衛力の構築に向けた全省的取組～」［２０１１年８月、防衛力の実効性向上のための構造改革推進委員会］）。

この文書は、以下のように記述する。

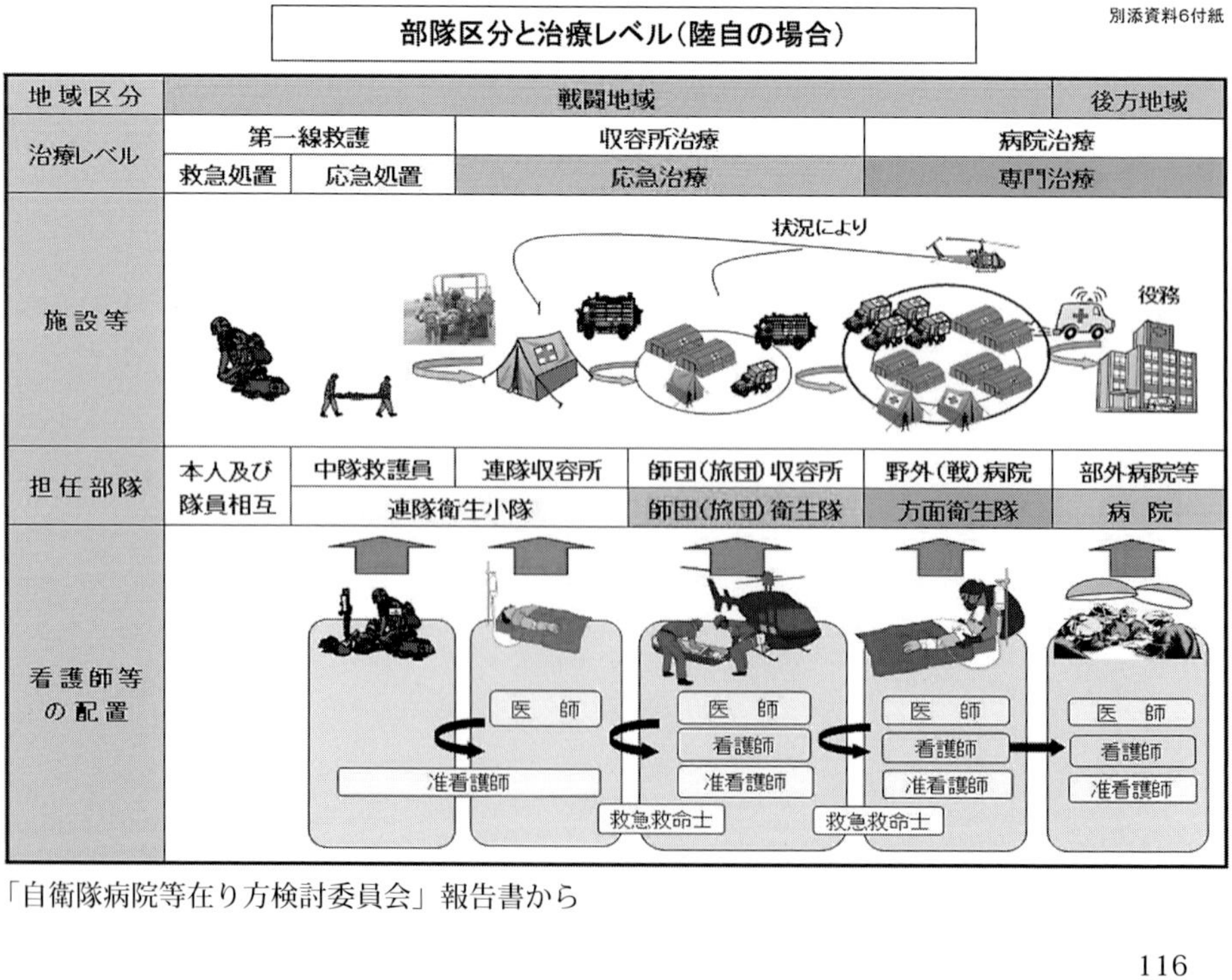
別添資料6付紙
部隊区分と治療レベル（陸自の場合）
地域区分
戦闘地域
後方地域
治療レベル
第一線救護
収容所治療
病院治療
救急処置
応急処置
応急治療
専門治療
施設等
状況により
役務
担任部隊
本人及び隊員相互
中隊救護員
連隊収容所
師団（旅団）収容所
野外（戦）病院
部外病院等
連隊衛生小隊
師団（旅団）衛生隊
方面衛生隊
病　院
看護師等の配置
医　師
看護師
准看護師
救急救命士

「自衛隊病院等在り方検討委員会」報告書から

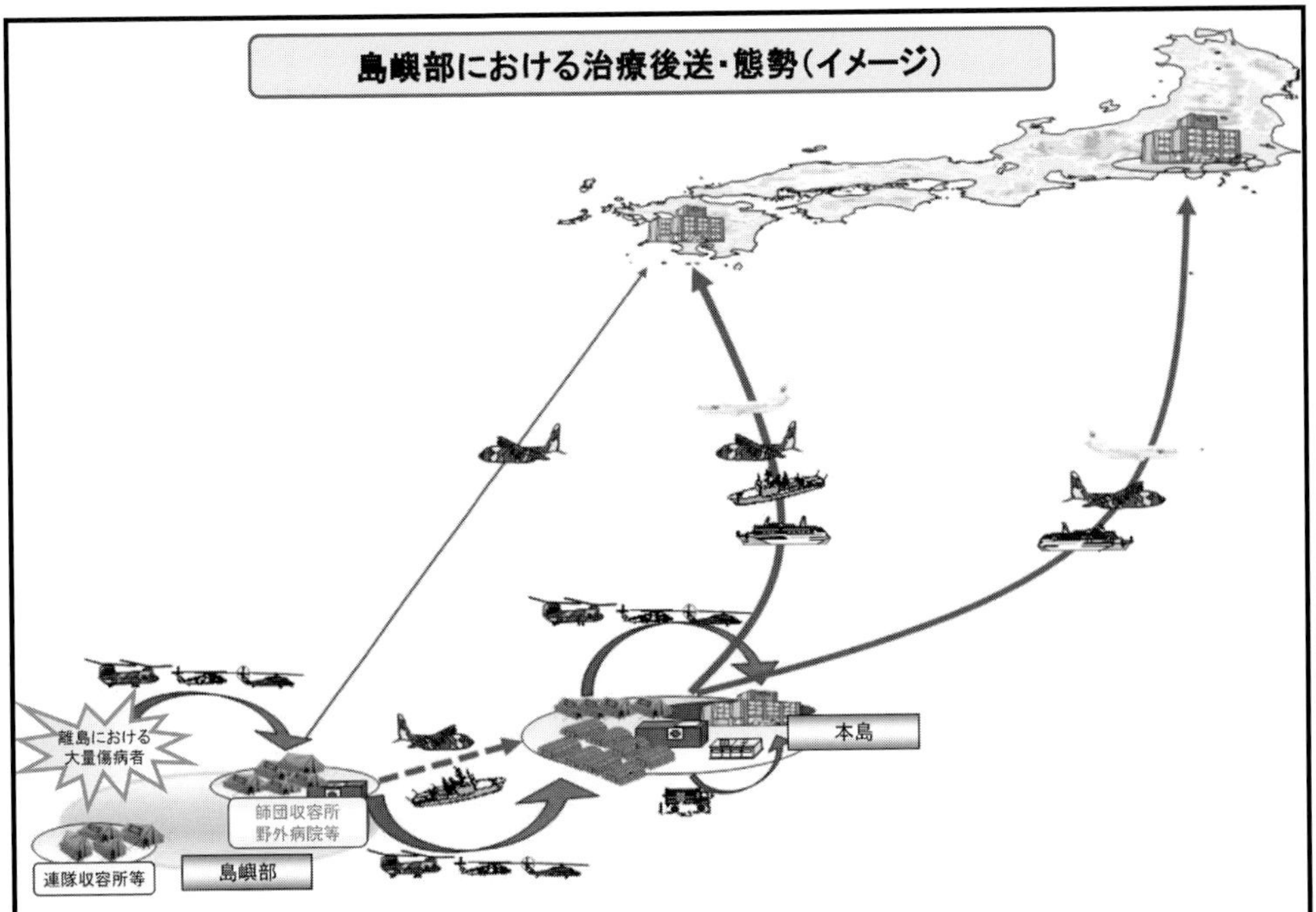

・今後のロードマップ

統合衛生

「３―２　統合衛生　新大綱における自衛隊の体制整備に当たっての重視事項の中で、衛生について『統合の観点から効果的かつ効率的な体制を整備する』とされている。また、新中期防においても、『多様な任務への対応を強化するため統合後送体制等を整備するとともに、海外派遣部隊等に対する医療支援機能を強化する』こととされている。このため、**統合幕僚監部における衛生機能の保持要領と島嶼部における事態対処での治療・後送態勢について統合衛生の課題と捉え検討を実施し**ている」（ゴシックは筆者）

南西事態対処における治療・後送態勢

この文書では、自衛隊では初めて「統合衛生」という文言が出てくるが、上がその「統合衛生」態勢を示す図だ。

図では、「離島における大量傷病者」を、「連隊収容所等」から「師団収容所　野外病院等」へ運び、ヘリ等で沖縄本島へ、さらに航空機等で、「本土」へと、緊急輸送することが明記

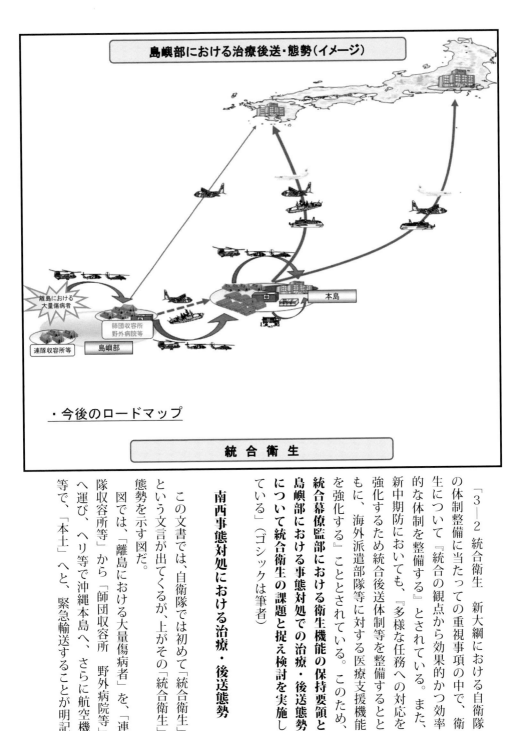

されている。

　また、同文書には「統合幕僚監部における衛生機能の保持要領について具体化するとともに、**地理的に本土から離隔した島嶼部における事態対処に際し、衛生の運用構想を明示する能力を高めることは喫緊の課題**である」とし、「**島嶼部における事態対処での傷病者の治療・後送**については、端末地も含めた具体的な後送要領及び後送に必要となる治療態勢の在り方について検討していく方針である」と明記している（ゴシックは筆者）。

　ここには、ハッキリと「島嶼部における事態対処での治療・後送態勢」と書かれ、南西シフトによる、戦傷者の治療態勢づくりが「喫緊の課題」とされている（なお、この「統合衛生」では、この戦争で犠牲になる住民・島民らの緊急輸送や治療は予定されていない！）。

　こうしてみると、もはや、「本土」の民衆にとっても、「島嶼防衛戦」という戦争態勢は、身近な、現実のものとなっているのだ。

以下は参考資料
＊**防衛省「自衛隊病院等在り方検討委員会」報告書**
「この際、集約された病院を有機的に『連携』させるため、統合後送態勢を構築する。患者後送においては、最終後送病院への広域搬送において自衛隊の輸送力を最大限に活用し得るよう、各自衛隊病院等を、飛行場及び港湾への搬送の容易性を考慮して輸送上の要所に整備する。さらに、関東地区の飛行場近傍に病院を整備することによって、広域搬送途上にある患者の容態を安定させ最終後送病院等への搬送の安全性を高める。」
http://www.mod.go.jp/j/approach/agenda/meeting/board/arikata-byouin/pdf/honbun.pdf
＊「防衛省から示された２０１５年3月時点の東町側留保地の利用内容」（入間市）
http://www.city.iruma.saitama.jp/…/kichia…/azumachogawa.html
＊頁左は、米海兵隊の事前集積船。戦地への緊急投入のために、サイパン、グアム沖に常時7～8隻が遊弋（頁下はかつての上陸戦で破壊された米軍戦車）。
　船には、海兵隊1個師団分の武器・兵站を集積、兵員は米本国から軽武装で長距離輸送、武器等の装備品―兵站はここから紛争地域へ運ばれ、兵員と合流。

　自衛隊も、事前集積拠点とともに事前集積船、強襲揚陸艦などを保有する可能性大。制服組は、水陸機動団の上陸作戦のために、強襲揚陸艦の保有をも要求。

第15章　強化される「島嶼ミサイル戦争」の兵器
――巡航ミサイル、高速滑空弾、スタンドオフ・ミサイル、イージス・アショア

米軍も学ぶ陸自の地対艦ミサイル部隊

最近の報道によれば、米ハワイで実施されている環太平洋合同演習（リムパック）に参加している自衛隊は、7月12日、ハワイ・カウアイ島で、地対艦ミサイル発射訓練を行ったという。

この演習は、沖合90キロの退役艦に向けて、陸自部隊が、海自哨戒機と米陸軍の無人機からの情報をもとに、地対艦ミサイルを3発発射し、命中したとされる。

最近の制服組の研究には、米軍が陸自の地対艦ミサイル部隊を「世界的にも優秀」と評価し、同軍の作戦にも採り入れようとしていることが書かれている。この実戦訓練がリムパックでの、陸自地対艦ミサイルの演習だ。

現在、陸自の地対艦ミサイル部隊は、5個のミサイル連隊が編成され、そのうち3個は北海道に配備、1個が熊本と八戸にそれぞれ配備。1個ミサイル連隊は、約330人、4個射撃中隊で編成。連隊の本部管理中隊には、捜索・標定レーダー装置6基とレーダー中継装置12基、指揮統制

上は03式中距離地対空ミサイル、頁左は、12式地対艦ミサイル（SAM）

装置1基があり、各中隊本部に射撃統制装置が1基ずつ、また各中隊に発射機と弾薬運搬車が4基ずつ、ミサイル弾体は24発ずつが配備される（最新は12式SSM）。

つまり、地対艦ミサイル連隊は、通常、連隊単位で1つのシステムとして運用され、本管中隊がレーダーで索敵し、指揮統制を担当、射撃中隊ごとに射撃統制装置が割り振られ、射撃中隊単位で展開し、射撃するということである。

地対艦ミサイルを守る地対空ミサイル

陸自教範『地対艦ミサイル連隊』は、この部隊の弱点として、発射直後、敵にすぐにその発射地点を発見され、隠蔽が困難なことを明記する。

つまり、地対艦ミサイル中隊だけでも、1台約10トンもある発射機・装填機など（写真上）を4基ずつを移動し、隠蔽せねばならないのであるから、相当に鈍重なのだ（この移動の大変さから、米軍の評価と裏腹に欠陥品という指摘もある）。

したがって、この地対艦ミサイル部隊を防御するために配備されるのが、南西諸島配備予定の地対空ミサイル部隊だ。

この陸自の地対空ミサイ

ル部隊は、全国で方面隊隷下に第1高射特科群〜第8高射特科群の8個群が編成、この中の例えば、第2高射特科群（千葉県松戸）には、4個の高射中隊が配備されている。

この改良ホークの03式中距離地対空ミサイル（中SAM）を装備する部隊は、対空戦闘指揮装置、幹線無線伝送・中継装置、射撃統制装置、捜索兼射撃用レーダー装置、6連装発射機、運搬装填装置など、多数の装備で編成されている。

対艦・対空ミサイルの空白・海自との統合運用

さて、この対艦・対空ミサイル部隊の、先島―南西諸島での配備、運用はどのように行われるのか。

まず、これらのミサイル部隊――宮古島、石垣島、沖縄本島、奄美大島への各配備の部隊は、連隊を単位として配備され、統合運用されるということだ（現在は各島へ1個中隊配備だが、将来、数個連隊の配備が予想される）。

そして、その司令部が宮古島や沖縄本島に置かれることになるだろう。

また、ミサイル部隊の運用は、陸自だけでなく同時に海自、空自との統合運用としても行われる。というのは、陸自ミサイル部隊が保有する車載レーダーは、電波の発射位置が低いこともあり、電波の捜索・探知距離が短い。これが、地対艦ミサイルの欠点でもある。

ところで、一般に、レーダーは、水平線の向こう側が死角となり索敵は不可能であるが、車載式は特にそうである。この場合、遠くの敵艦船に対しては、海自のP3Cなどの哨戒機から索敵情報を、遠くの敵航空機に対しては、空自のレーダーサイトからの索敵情報を得ることが必要になる。

また、これらの統合運用は、索敵情報だけでなく、陸自の火力戦闘指揮統制システムと海自・空自の指揮統制システムがリンクした統合運用を行うところにまで進められている（味方同士の誤爆を防ぐためにも）。こうして遠距離の敵艦・敵航空機に対しても、また多数の敵の目標に対しても、同時に目標到達までの管制・誘導が可能になるのだ。

巡航ミサイル、高速滑空弾の開発決定

現在、最新の陸自の12式地対艦ミサイルは、射程が約200キロであるが、この射程の延長（約300キロへ）もすでに決定している。

だが、自衛隊の南西シフト下の増強態勢は、際限なく広がろうとしている。そしてついに、自衛隊は、巡航ミサイルの開発まで打ち出したのだ（次頁図）。対地・対艦の巡

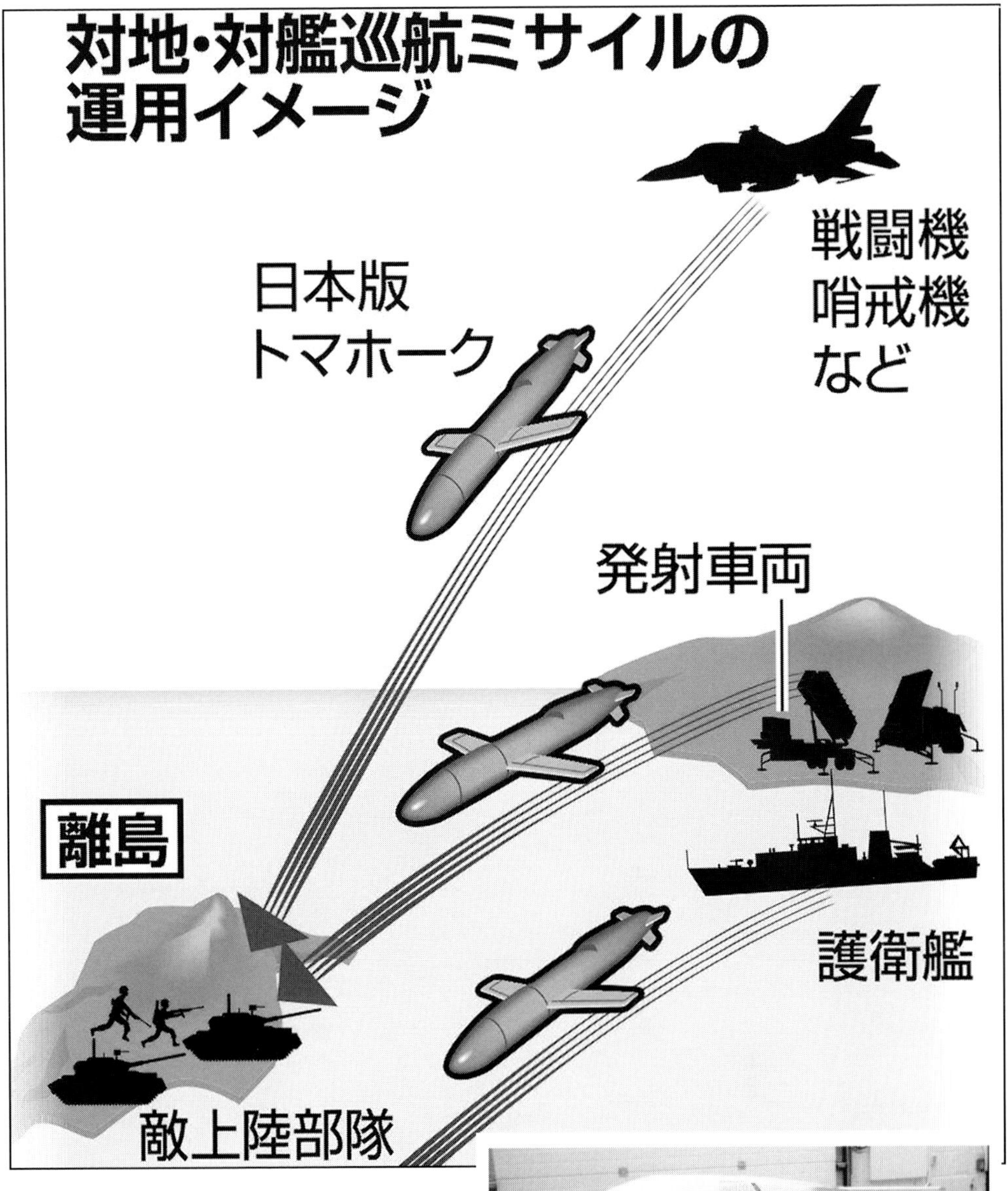

スタンド・オフ・ミサイル（JSM）
（イメージ）

航ミサイルであり、図のように南西諸島間の「島と島」の攻撃戦に運用するとしている。

　これに留まらない。頁下図は、防衛省が発表した「高速滑空弾」という新型のミサイルである（防衛省・自衛隊２０１７年度「事前の事業評価」）。

　同評価によれば、「島しょ部へ上陸する敵機動部隊に対して、高速かつ高い精度での島しょ間射撃を行い、早急に敵部隊を無力化するため、敵ＳＡＭなどで迎撃困難な高高度を超音速で滑空し、ＧＰＳ／ＩＮＳ等により目標へ正確に到達した後に搭載する弾頭機能により敵を攻撃する高速滑空弾に関する要素技術を確立する」としている。

　高速滑空弾というからには、マッハ５以上の超高速で滑空することになるが、図を見ても明らかなように、このミサイルは、「島嶼間戦闘」の武器なのである。宮古島から石垣島へ撃つ、あるいはその逆に撃つというのだ。島々の破壊は凄まじいものになる。

　さらに、自衛隊は、射程１千キロのスタンド・オフ・ミサイル（航空機搭載）の開発もほぼ決定し、イージス・アショアの導入も決定した。これは、「北朝鮮の弾道ミサイル防衛」とは全く無縁の、対中国用のミサイル兵器であったことが暴露されたのだ（発射方角は同じ）。

運用構想案

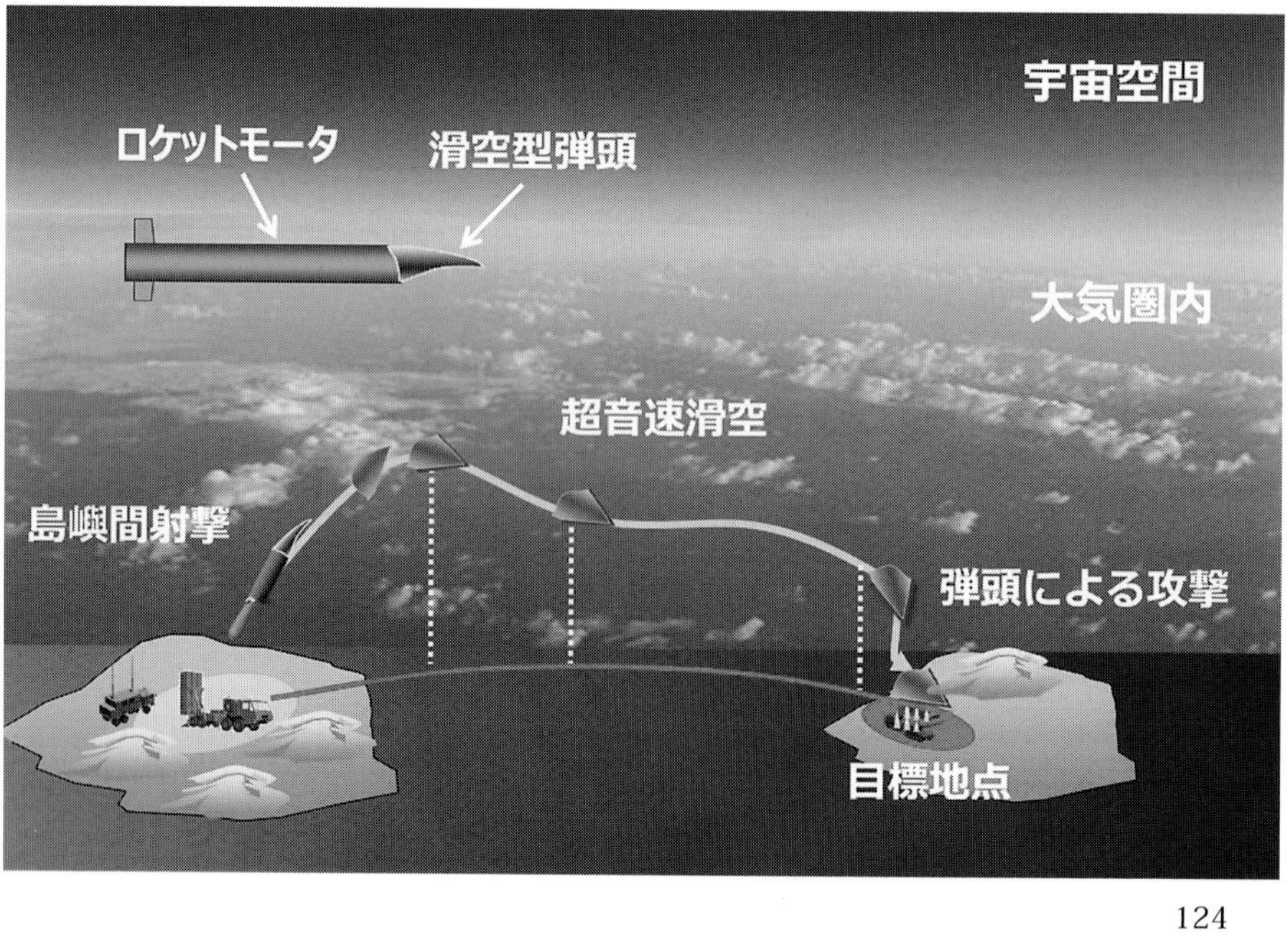

ハワイ・カウアイ島に設置されたイージス・アショア実験施設

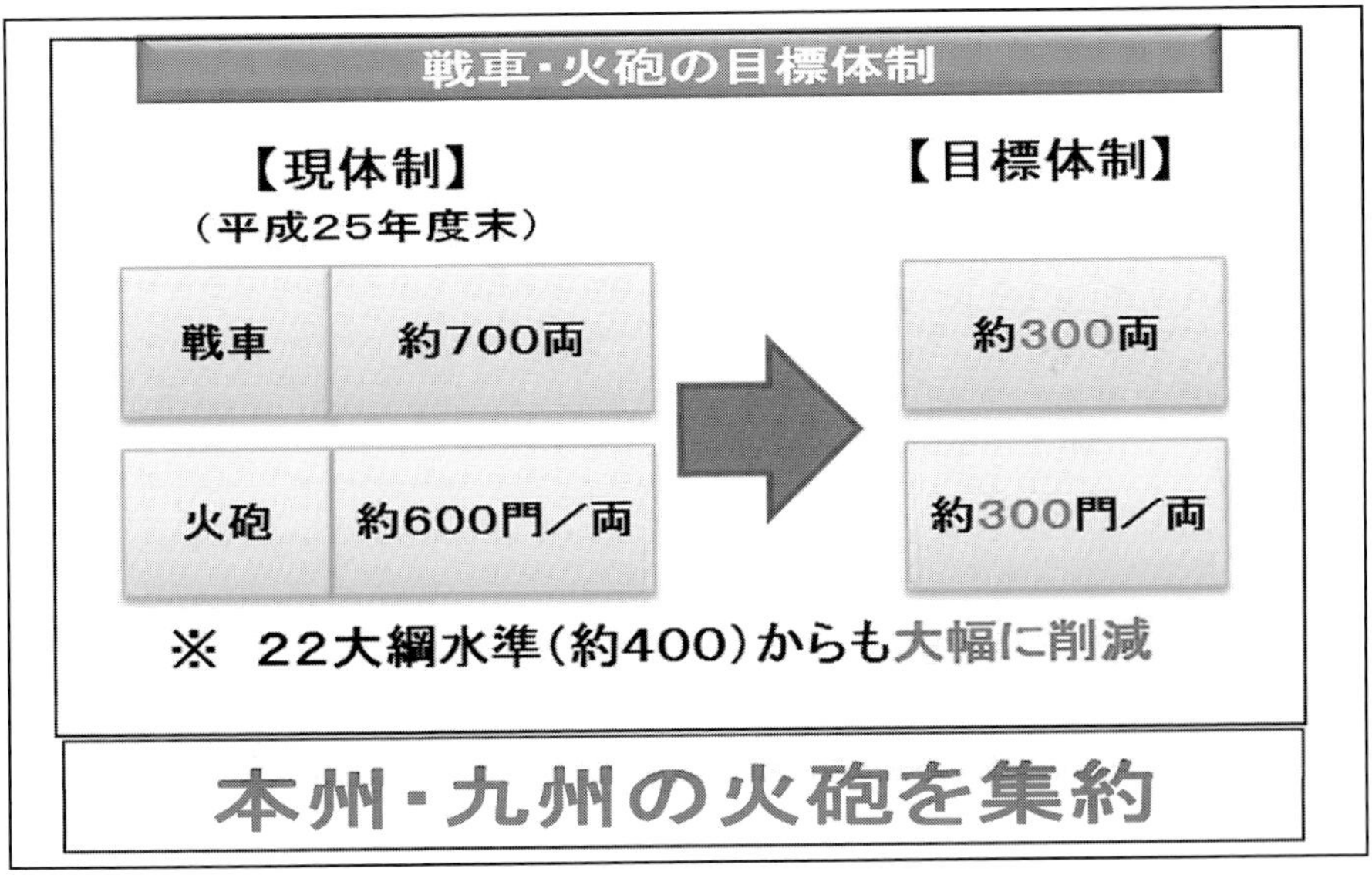

自衛隊は、南西シフト態勢下の、先島—南西諸島への新配備、また、各種ミサイルの導入、F 35導入などの新規装備導入のために、大改革を進めている。上図は、2000年前後に約900両・門を装備していた戦車・火砲をさらに削減する案（防衛省サイトから）

第16章　北方シフトから南西シフトへ
――東西冷戦終了後の新たな「脅威」を求めて！

陸自教範『野外令』改定による「離島の防衛」

今まで見てきた「島嶼防衛戦」について、自衛隊が初めて策定したのは、2000年1月の陸自教範『野外令』の改定である。この改定では、これも陸自初めての「上陸作戦」も定められた。

この2000年という早い時期の「島嶼防衛戦」の策定には、どんな背景があったのか？

それには、1989～91年のソ連・東欧の崩壊――東西冷戦終了という出来事を思いおこす必要がある。この情勢によって戦後長く続いてきた「ソ連脅威論」による日米の対ソ抑止戦略は、終わったのだ。

本来、脅威の前提となった体制が崩壊したのだから、日米安保体制は廃棄すべきであった。また、ソ連という後ろ盾のなくなった朝鮮（北朝鮮）は、ほとんど軍事力としては脅威は喪失した。そして、中国は、米中正常化（1972年）――国交回復（1979年）以来、〝対ソ準同盟〟と言われるような関係になっていたのだ。

しかし、この冷戦体制の終焉を、アメリカ軍産複合体は、新たな国家戦略である「地域紛争対処論」（1991年湾岸戦争）として策定し、93～94年には「朝鮮危機」を演出、96年には「台湾海峡危機」を演出しようとした。この「台湾海峡危機」とは、新たな中国脅威論の「創出」である。

だが、朝鮮危機論、台湾海峡危機論（＝地域紛争論）は、米ソ冷戦体制に代わる軍事力の維持・推進力にはならない。だから、日米政府は「日米安保の漂流論」を唱え、「日米安保再定義」による新たな日米安保態勢の強化を打ち出す。

これが、1996年、クリントン大統領と橋本首相（当時）の「日米安保共同宣言」だ。宣言では、日米安保の地理的適用範囲が、「極東」から「アジア太平洋地域」に、一挙に拡大した。

この冷戦後の「日米安保体制の再確立」をもとに、1997年には、「日米防衛協力のための指針」の改定（旧ガイドラインは、1978年策定）が行われた。

さて、「日米安保共同宣言」と「新日米ガイドライン」に基づいて制定されたのが、2000年前後の有事7法制である。ここでは、「周辺事態対処」（朝鮮半島有事・台湾海峡有事を含む）を目的とした、周辺事態法制定（1999

年5月)、武力攻撃事態対処法などの有事3法制の成立(2003年)、国民保護法・米軍行動円滑化法・捕虜取扱法の、有事関連7法が最終的に成立(2004年)したのである。

対ソから対中封じ込め政策への転換

結論から言うと、この新ガイドライン制定の、1997年~2000年前後にかけて、日米は「対中封じ込め政策」へ、大きく舵を切ったのだ。ここでの特徴は、当初は「朝鮮危機・台湾危機」対処が作戦化されていたが、なし崩し的にそれらは後景化し、2000年代後半から一挙に「中国封じ込め政策」——対中抑止戦略へと転換したということだ。

2000年策定の陸自教範『野外令』には、初めて「離島の防衛」の記述があるが、ここでは未だ「朝鮮半島危機」論が併記されている。

こうして、2000年代においては、2004年の新大綱、2005年の日米安保再編(→06年沖縄ロードマップ)において事実上、中国脅威論が打ち出され、自衛隊の「島嶼防衛戦」態勢も次第に作られていくのである。

2002年の西部方面普通科連隊(水陸機動団の前身)

偽装して展開するパトリオット(PAC3)

の新編と2005年からの米海兵隊との共同演習の定例化は、こうした作戦の先取り的態勢づくりとも言えよう。

また、日米共同方面隊指揮所演習「ヤマサクラ」も、2006年からは、「島嶼防衛」「南西諸島有事」を想定して行われるようになった。以後、2010年の陸自初めての実動演習である「離島対処演習」を始め、2010年代には、陸海空の「島嶼防衛」統合演習、日米の「島嶼防衛」共同演習などが、毎年のように行われている。

米軍のアフガン、イラクでの泥沼化と南西シフト

読者は、たぶん、大いに疑問を感じているかも知れない。1997年の新ガイドライン、2000年の陸自教範『野外令』制定、2002年西部方面普通科連隊の発足と、2000年前後から早くも「島嶼防衛戦」態勢づくりに入った防衛省・自衛隊は、なぜ、今頃になってから先島―南西諸島配備を始めたのかと。

この回答は簡単だ。頼みの綱のアメリカが、2001年以後アフガン、2003年以後はイラクで、長期の、泥沼の戦争に引きずり込まれ、アジア太平洋地域を顧みる余裕が全くなかったということだ。

そのアメリカが、アフガン、イラクに一旦「決着」をつけ(未だ戦争は終わっていないが)、2010年、ようやく、アジア太平洋へ回帰し始めた、ということだ。

そして、もう一つの重大な理由もある。ある意味では、こちらの方が重要かも知れない。

その理由とは、この南西シフト態勢――与那国島・石垣島、宮古島などへの自衛隊の新配備、そして、沖縄本島・九州佐世保への新配備・増強――とりわけ、先島諸島などに新たに自衛隊基地を建設することには、とてつもない困難を伴うことを防衛省・自衛隊が、厳しく認識していたということだ。

沖縄に新基地を造ることは不可能？

これは、戦後の自衛隊基地建設の歴史を見ても明らかだ。戦後の「本土」の自衛隊基地は、ほとんどが在日米軍基地を引き継ぎ、その在日米軍基地は、また旧日本軍の基地を引き継いできた。

戦後、自衛隊が、これらの基地以外に新らしい基地を造ったのはほんのわずかだ。そしてそれらは、例えば北海道・長沼の空自ミサイル基地は、「自衛隊長沼違憲裁判」の舞台になった。また、茨城県の空自百里基地も、「自衛隊百里違憲裁判」の舞台になったのだ。

2015年防衛白書

＜解説＞陸上自衛隊創隊以来の大改革（防衛白書から）

＊25大綱に基づく統合機動防衛力の構築のため、陸上自衛隊は実に壮大な改革に取り組んでいる。その目指すところは、厳しさを増す安全保障環境に即応し、事態に切れ目なく機動的に対処し得る陸上防衛力の構築である。これを実現するため、島嶼部に対する攻撃への対応を特に重視している。

＊これは、平素からの「部隊配置」、侵攻阻止に必要な部隊の「機動展開」、島嶼部に侵攻された場合の「奪回」の3段階から成っている。「部隊配置」は、南西地域に沿岸監視部隊や警備部隊を配備すること、「機動展開」は、全国の師団・旅団の約半数を高い機動力や警戒監視能力を備えた機動運用を基本とする機動師団・旅団に改編すること、そして、「奪回」は、本格的な水陸両用作戦を実施し得る水陸機動団を新編することが計画されている。これらの部隊には機動戦闘車、水陸両用車、オスプレイ（V-22）などが導入される。

＊さらに、全国の陸自部隊を一元的に運用し、海・空自部隊との統合運用や米軍との日米共同の実効性を向上するため、現在の5個方面隊の運用を束ねる統一司令部として陸上総隊を新編する（陸上総隊司令部を平成29年度に朝霞駐屯地内に新編予定）。あわせて、教育・訓練・研究機能を一体化し、これら3つをスピード感をもってスパイラル的に融合し、将来にわたり改革を継続し得る体制を整備する。

＊これらの取組の具現にあたっては、従来にない隊員の大規模な全国異動を必要とし、総じてこの大改革は、組織改革や制度改革のみならず、隊員個人の覚悟に至る意識改革までもが包含される、壮大かつ広範に及ぶものであり陸上自衛隊は一丸となってこの創隊以来の大改革に取り組んでいる。

この百里基地は、今なお補助滑走路が「く」の字に曲がっているが、これは滑走路に予定した民有地の買収ができなかったからだ（この場所は、「平和公園」となって、今なお滑走路を阻んでいる）。

つまり、「本土」においてさえ、戦後、新基地を造ることは、これほど困難がともなったのだ。いわんや、あの凄まじい、悲惨な戦を体験した沖縄――先島諸島などでの、新しい自衛隊基地建設は、不可能に近いと、政府・自衛隊が考えたとしてもおかしくはない（ミサイル部隊配備決定の遅れ）。

そこで考え出されたのが「地元の基地建設の誘致・要望」である。与那国島では、２００７年から「賛成派づくりと誘致」が始まり、奄美大島でも、地元の誘致という形で基地建設が始められた。

この意味からして、２０１８年度内に急ピッチで基地建設を始めようとしている石垣島をはじめ、先島諸島――沖縄本島などの自衛隊の新基地建設・新配備を阻むことは、困難ではないということだ。

＊上記「防衛白書」は、隊員らに南西シフト態勢は、「陸自創設以来の大改革」であり「隊員の大規模な全国移動を必要」とし、「隊員個人の覚悟に至る意識改革」、「陸自一丸となり大改革に取り組む」と、重大な決意を促している。

第17章「東シナ海限定戦争」を想定する「島嶼防衛戦」

――エア・シー・バトル、オフショア・コントロールとは？

統合エア・シー・バトル構想（ＪＡＢＣ）

自衛隊は、早くも２０００年代初めから南西シフト態勢を打ち出したが、状況が全く進まない中、ようやく方向が見えるのは、アメリカの２０１０年ＱＤＲ（４年ごとの国防計画の見直し）の発表において、である。

２０１０年ＱＤＲは、「統合空海戦闘構想の開発」として「米国の行動の自由への、増大する挑戦に対抗して、全ての作戦領域―空、海、陸、宇宙、及びサイバースペース―を通じて、空軍と海軍が能力をいかに一体化するかに取り組む」と、アフガン、イラク戦争後の新たなアメリカの軍事戦略を打ち出した。

これが、エア・シー・バトル（ＪＡＢＣ）というもので、その戦略の核心は、「ネットワーク化され、統合された部隊による縦深攻撃で、敵部隊を混乱、破壊、打倒すること」（同室から）とし、統合部隊による中国への縦深攻撃を想定していた。

このエア・シー・バトル構想の前の２００９年、『中華人民共和国の軍事力』（米国防省）の中で、「中国のＡ２／

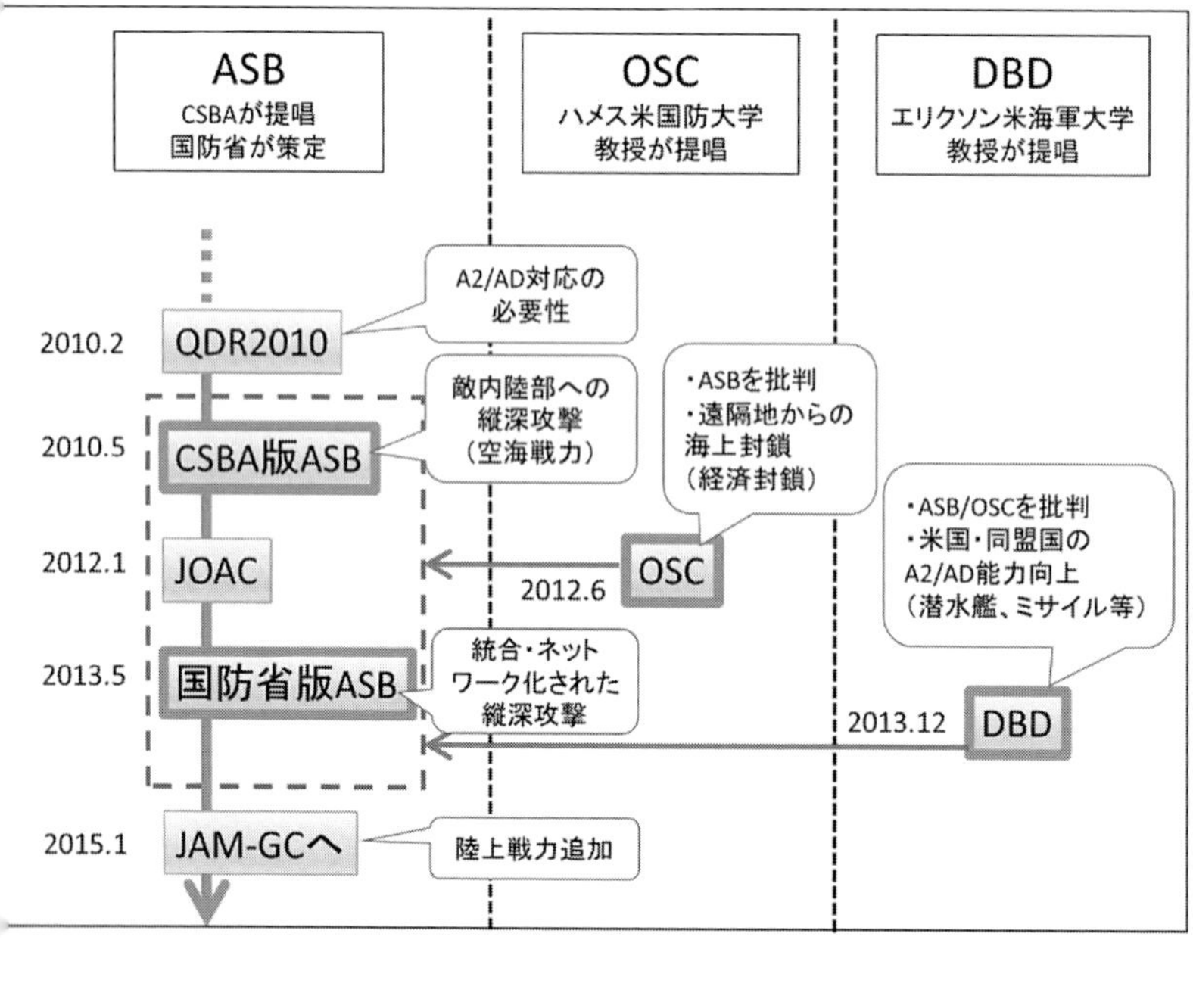

ASB
CSBAが提唱
国防省が策定
OSC
ハメス米国防大学
教授が提唱
DBD
エリクソン米海軍大学
教授が提唱
2010.2
QDR2010
A2/AD対応の
必要性
2010.5
CSBA版ASB
敵内陸部への
縦深攻撃
(空海戦力)
・ASBを批判
・遠隔地からの
海上封鎖
(経済封鎖)
2012.1
JOAC
2012.6
OSC
・ASB/OSCを批判
・米国・同盟国の
A2/AD能力向上
(潜水艦、ミサイル等)
2013.5
国防省版ASB
統合・ネット
ワーク化された
縦深攻撃
2013.12
DBD
2015.1
JAM-GCへ
陸上戦力追加

第2列島線
日本
韓国
中国
第1列島線
北マリアナ諸島
グアム
台湾
フィリピン
インドネシア

ＡＤ能力とその対処」として打ち出された、米軍の「Ａ２／ＡＤ戦略」も、エア・シー・バトルには取り入れられた。

だが、エア・シー・バトル構想とは、通常兵器による大規模戦争を想定するだけでなく、「中国への縦深攻撃」を作戦化しているから、核戦争へのエスカレートは必至という批判が、米軍内から出始めた。これを修正する形で出されたのが、「ＪＡＭ―ＧＣ」であり（２０１５年）、オフショア・コントロールである（前頁図参照「空自幹部学校・航空研究センターの『エア・パワー研究』第３号から）。

ただ、やはり重要なのは、このエア・シー・バトル構想は、現実の作戦・戦略というよりも、アメリカによる中国への「対抗的封じ込め戦略」（２０１２年「米国国防指針」）であり、「陸海空・宇宙・サイバー空間における統合作戦」（２０１３年「エア・シー・バトル室」）であるとしており、米軍の新冷戦戦略というべきものである。

Ａ２／ＡＤ戦略とは

そして、このエア・シー・バトル構想の中で、実際の作戦として策定されたのが、Ａ２／ＡＤ戦略だ。

Ａ２／ＡＤ戦略（アクセス（接近）阻止／エリア（領域）拒否）とは、前頁図の第1列島線、第2列島線防衛論としてその内容が知られている。もともとこの概念は、中国軍が使用していたというが、実際は米軍がそのように付けただけであり、米軍の作戦概念である。

日米は、この第1列島線内（東シナ海内）に中国軍を封じ込める作戦をとり（ＡＤ戦略）、第2列島線へのアクセスを許さない作戦態勢を作りだす（Ａ２戦略）ということだ（頁左図は、Ａ２／ＡＤ戦略下の日米共同作戦態勢、「島嶼防衛戦」の初期には、中国軍のミサイル飽和攻撃を避けるため、在沖米軍、米機動部隊はグアム以遠に一時撤退することを予定。「日米の『動的防衛協力』について」から）。

Ａ２／ＡＤ戦略とオフショア・コントロール

ところで、エア・シー・バトル構想に基づく、Ａ２／ＡＤ戦略、そして、それを背景としたオフショア・コントロール戦略（ＯＣ）を実体化したのが、自衛隊の「拒否的抑止戦略」（ＤＢＤ）であり、「島嶼防衛戦略」である。

オフショア・コントロール戦略とは、「海洋拒否戦略」あるいは、「海洋限定戦争」と称し、アメリカと同盟国の航空力・海軍力を駆使して、中国の石油・天然ガスなどの海上輸送を遮断し、中国軍民船の中国の港への出入を阻止・封鎖、さらに広範囲の海上封鎖を行うとするものだ。

この作戦は、具体的には「近距離海上封鎖」、つまり、「米軍・同盟軍による海空作戦による軍事的圧力と並行して、中国の沿岸部直近から始まる海上封鎖、そして、第1列島線に沿っての海上封鎖」が想定されている。

この近距離海上封鎖に先立って行われるのが、「遠距離海上封鎖」である。この作戦は、マラッカ海峡――ロンボク海峡（インドネシア群島）――スンダ海峡（フィリピンと台湾間）で、中国民間船の停船、拿捕などの海上封鎖（中国の石油輸入量の78パーセントを遮断、また中国海外貿易量の85パーセントを遮断）を行うとするものである。

いわば、中国は遠洋での戦闘能力（渡洋能力）がないために、少数の米軍艦艇などで封鎖できるというのだ（すでに、シンガポールのチャンギ海軍基地へは、米軍「沿岸域戦闘艦ＬＣＳ」４隻が配備・２０１７年）。

問題は、第1列島線内での「近距離海上封鎖」である。自衛隊にこの作戦を提示したトシ・ヨシワラ（米国海軍大学教授）らは、「第1列島線内では、この作戦の大半は、限定的航空戦・ミサイル戦・潜水艦・機雷・水中無人艇で行われる」とし、「作戦目標は、第1列島線内に無人地帯を作り出すこと」だという。

共同使用により期待される日米の連携

□ 周辺諸国に対する戦略的メッセージ発出

- IIIMEF司令官、31MEU司令官と南西集団司令官(仮)、15B長、新編緊急展開部隊長との定例的なミーティング、両司令部幕僚による会合の実施
- 沖縄における警護出動を想定した共同訓練の実施
- 沖縄における戦略的共同上陸作戦(統合)の実施

□ 地元との強固な関係構築・防災対処能力の向上

- 地元主催防災訓練等への日米共同参加
- 地元行事への日米共同参加
- 日米共同HA／DR訓練

□ 平素からの意思疎通による相互運用性の向上

- 日常的な情報共有ミーティング
- 部隊・隊員の各階層における関係強化
- 平素から無線機(新野外通信システム等)により米側との通信を実施

□ 事態発生時の日米共同対処能力の向上

- 陸自の水陸両用戦能力の向上による相互運用性の向上
  - 県内の訓練場における共同の隠密強襲上陸訓練の実施
  - 米軍が実施する日々の訓練を研修し、AAV7等陸自が導入を検討している装備品等に係る教育訓練、整備支援分野及び運用要領に係る知見を獲得
- 警護出動による米軍作戦基盤・来援基盤の防護

□ 兵站基盤を強化することによる相互運用性の向上

- 南西諸島(沖縄)における兵站基盤の確保
- 日米ACSAに基づく日米共同の後方支援態勢の強化

取扱厳重注意

我が国を取り巻く安全保障環境

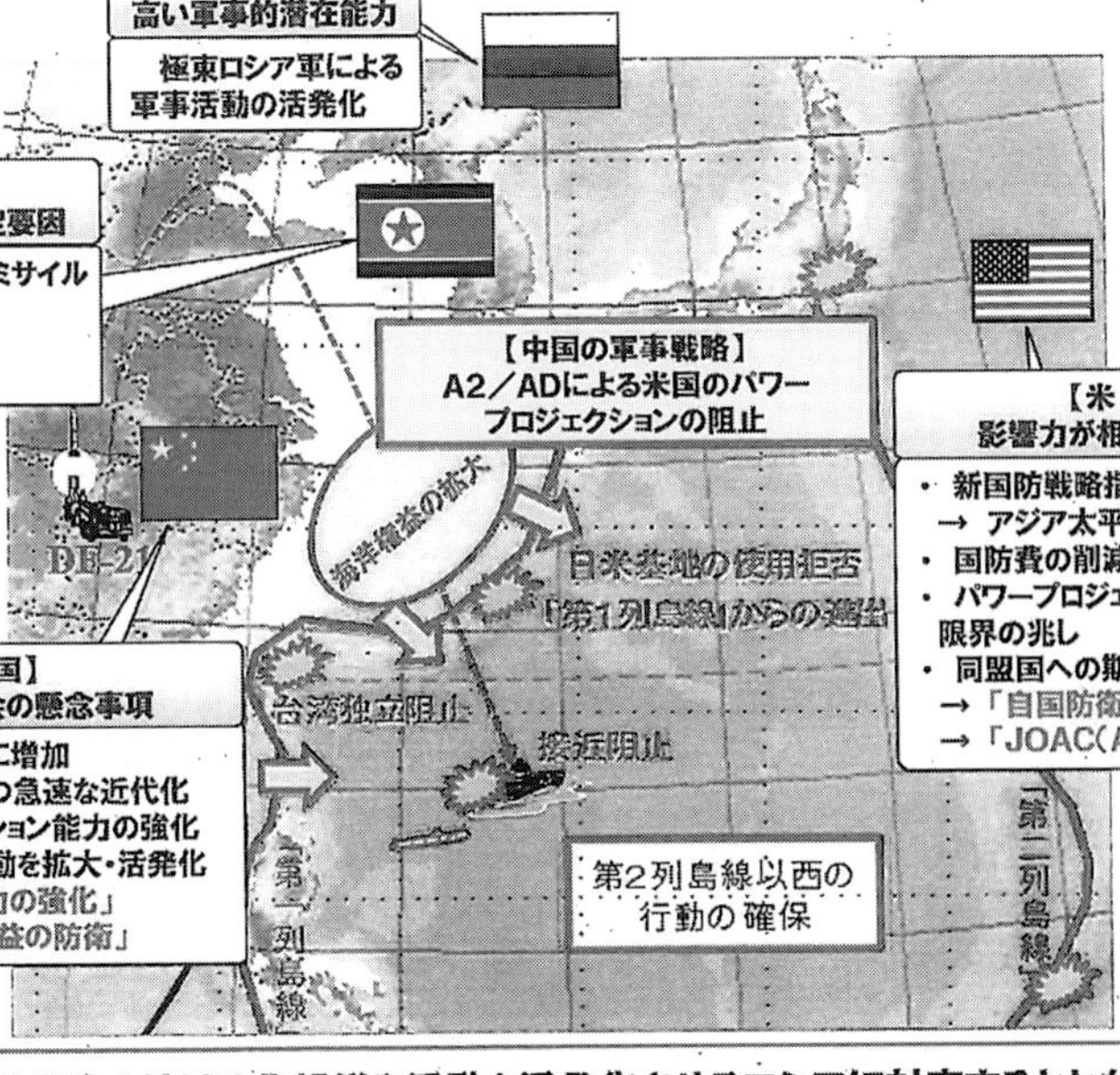

【ロシア】
高い軍事的潜在能力

極東ロシア軍による
軍事活動の活発化

【北朝鮮】
喫緊かつ重要な不安定要因

- 大量破壊兵器・弾道ミサイルの開発・配備・拡散
- 大規模な特殊部隊
- 軍事的な挑発行動

【中国の軍事戦略】
A2／ADによる米国のパワープロジェクションの阻止

【中 国】
地域・国際社会の懸念事項

- 国防費を継続的に増加
- 軍事力の広範かつ急速な近代化
- パワープロジェクション能力の強化
- 周辺海空域の活動を拡大・活発化
  → 「A2／AD能力の強化」
  → 「領土・海洋権益の防衛」

【米 国】
影響力が相対的に変化

- 新国防戦略指針
  → アジア太平洋地域の重視
- 国防費の削減
- パワープロジェクション能力に限界の兆し
- 同盟国への期待
  → 「自国防衛の努力」
  → 「JOAC(ASBC等)」

軍事的な挑発行為を続ける北朝鮮や活動を活発化させるロシアに対応するとともに、急速に拡大する軍事力を伴い、野心的な海洋進出を図る中国に対抗できる防衛力を備えることが大きな課題

また、トシ・ヨシワラらは、第1列島線＝琉球列島弧は、「天然の要塞」であり、中国側に向けた「万里の長城」だとして、対中作戦への日米軍の優位性を説く。

つまり、分かりやすく言うと、自衛隊が、琉球列島弧＝第1列島線の諸島にズラリと対艦・対空ミサイルを並べ、与那国島の東西水道・宮古海峡・奄美海峡・大隅海峡・対馬海峡などを封鎖する（チョークポイント）、通峡阻止作戦を遂行すべきであり、この作戦は戦略的に日米に圧倒的に勝利をもたらすとする。

こういう意味では、自衛隊の「島嶼防衛戦」は、オフショア・コントロール戦略をもとにして、策定されつつあると言えよう。

「島嶼防衛戦」のための地対艦ミサイルの新任務

陸自教範『地対艦ミサイル連隊』には、地対艦ミサイル部隊の任務は、「地域的制海権を獲得」し、「海上交通路」（シーレーン防衛）の確保を任務とする（同教範「第4章第3節4」などと明記している。

またぞろ出てきた「シーレーン防衛論」など、アジア太平洋戦争から何も学ばない噴飯ものだが、「地域的制海権獲得論」は、一理あるようだ。つまり、「島嶼防衛戦」に

米軍横須賀基地のイージス艦

おいて、東シナ海の絶対的制海・制空権を確立することができるならばいいが、そうでなく、若干の「優勢」、あるいは、「守勢」の場合でも、これを補うために、対艦・対空ミサイル部隊の「地域的制海・制空権」の確保は、軍事作戦としては、合理的なものと言えよう。

ただし、前述のように、そのためには南西諸島の島々の一つひとつに、2個ミサイル連隊規模の対艦・対空ミサイルの配備が必要になるだろう。

そしてまた、米軍関係者は、「島嶼防衛戦」での陸上部隊の新しい任務を提示している。

「島嶼防衛戦の新たな陸自防衛力の役割」（「フォーリン・アフェアーズ・リポート」２０１５年４月号）という論文において、「陸自部隊による海峡封鎖の機雷戦・魚雷戦」という新しい任務である。

ここまでくると、「陸自のリストラ対策か」と言いたくなるだろうが、この作戦は通峡阻止作戦としては、一定の意味があるようだ。例えば、宮古海峡などは、距離にして約２９０キロだが、この距離であれば、新開発した武器での陸上からの機雷敷設や魚雷戦を陸上部隊に担当させることは可能なのだ（陸自ＯＢらは、陸自の担う「地上発射型対潜ミサイル」開発まで提案する）。

この陸上部隊による魚雷戦というのは、歴史的にも前例がある。第１次世界大戦の有名な「ガリポリの戦い」である。連合軍のダーダネルス海峡の突破作戦に対して、トルコ軍が陸上から魚雷戦を仕掛けたというものだ。

陸自は、「鎮西演習」などで、「海峡砲撃訓練」をも行っているようだが、地対艦ミサイル部隊だけでなく、長距離砲などの砲撃も、通峡阻止作戦に登場することになるだろう（頁上は、米空母機動部隊）。

核戦争の閾値《いきいち》以下の限定戦争論

トシ・ヨシワラらの「海洋限定戦争」戦略には、「米国は展開兵力の種別・量を核の閾値以下に留めることが肝要」「戦闘行為の範囲と持続時間を充分に低くすること」「中国軍に多大な出血を強要しない、海軍力により孤立化させる限定作戦」という記述が見られる。

要するに、当初のエア・シー・バトル構想で批判された中国との全面戦争へのエスカレートを避けるために、「核の閾値以下」の戦争、つまり、「島嶼防衛戦」＝「海洋限定戦争」という戦略が構想されているのだ。

しかし、仮に日米の「海洋限定戦争」によって敗北し、「孤立化」した中国が、そのまま引き下がるだろうか？

言うまでもなく、戦力を回復・増強した後の次の戦争は不可避だ。つまり、「島嶼防衛戦」は、当初は限定されるが、いずれ「西太平洋戦争」への拡大は不可避だということだ。そして、この戦争は必然的に、第3次世界大戦へらせん的回帰していくだろう。

米中・日中の経済相互依存関係

ところで、誰もが疑問を感じるのが、日米中の経済相互依存関係の中で、米中はもとより、日中間でも戦争など出来るのか、戦争となれば、日中経済の崩壊だけでなく、世界経済が崩壊するだろうという意見である。

特に、日中経済の相互依存は、この10年で急速に進んでいる。対世界貿易量では、２０１５年、日中間は24パーセントにもなっており、日米貿易量の15パーセントを一挙に超えてしまった。

トシ・ヨシワラらの「海洋限定戦争論」＝「島嶼防衛戦論」は、こういう日米中の経済相互依存体制への「一つの回答」ではあるが、やはり、自衛隊制服組と同様、日中を含む国際経済の構造を根本的に熟考していないものと言えよう。つまり、「海洋限定戦争」であったとしても、日米中の衝突は、金融危機を含む世界経済への深刻な打撃を与えることは不可避である。

愚かなことに、自衛隊制服組は、第1次大戦時の英独貿易関係をあげて、「経済の相互依存性は軍事衝突に影響せず」という「研究」まで行っている。

ただ重要なのは、後述する安倍政権の「インド太平洋戦略」に見るように、自衛隊による第1列島線＝琉球列島弧の封鎖態勢は、すでに見てきた統合幕僚監部の「日米の『動的防衛協力』について」が明記するように、「平時」においては「中国の海洋権益の拡大を阻止する」封鎖態勢をつくることであり、いゆわる「砲艦外交」「軍事外交」政策であるということだ。

　言うならば、このたびの朝鮮に対するアメリカの軍事的圧力――空母機動部隊を朝鮮半島周辺に遊弋させる、威嚇的圧力をかけ、政治的に屈服させる、これが「砲艦外交・軍事外交」である。

中国のコーストガード

　例えば、この第1列島線の封鎖によって、中国はロシアからを含むエネルギーを遮断され、海上交通・海上貿易を遮断される（中国は国内総生産の50％を輸出入に依存し、海外貿易の85％は海上経由）のであり、「封鎖するぞ」という軍事的圧力だけで政治的妥協に追い込まれることになるというわけだ。

　しかし、ここでもまた、中国側の封鎖を突破するという状況が生じる。南シナ海への中国の進出がそうである。

　こうして、この第1列島線に連なる国々の、対中戦略への動員もまた始まろうとしている。フィリピン、ヴィトナム、シンガポールの「インド太平洋戦略」への動員である。

　今、始まっているのは、東シナ海・南シナ海、アジア太平洋の激しい軍拡競争であり、新冷戦の始まりとも言うべき事態なのである。

「島嶼防衛戦」の主体は自衛隊、米軍は補完

　今までの記述で、「島嶼防衛戦」全体の戦略は概観できると思われるが、いくつかの補足をしておこう。

　すでに、統合幕僚監部の「日米の『動的防衛協力』について」という文書について紹介してきたが、自衛隊が策定した「島嶼防衛戦」は、日米共同作戦を基本にしている。

　しかし、作戦的には、同文書に示されているように（91頁・133頁図）、中国軍のミサイル部隊の飽和攻撃を回避するために、米軍および米機動部隊は、グアム以東に一時的に撤退する。

だが、これは作戦面ということだけではない。法制的にも、米軍は後陣である（巻末の「日米ガイドライン」参照）。日米ガイドラインは「日本に対する武力攻撃が発生した場合」「自衛隊及び米軍は共同作戦を実施する」が、主体は自衛隊、米軍は支援と規定している。

「自衛隊は、島嶼に対するものを含む陸上攻撃を阻止し、排除するための作戦を主体的に実施する。必要が生じた場合、自衛隊は島嶼を奪回するための作戦を実施する。このため、自衛隊は、着上陸侵攻を阻止し排除するための作戦、水陸両用作戦及び迅速な部隊展開を含むが、これに限られない必要な行動をとる」「米軍は、自衛隊の作戦を支援し及び補完するための作戦を実施する」

明らかなように、琉球列島弧での「島嶼防衛戦」は、「日本領土の防衛」という形式をとることになるが、この場合、主体は自衛隊、米軍は支援という共同作戦なのである。

陸自南西シフトは冷戦後のリストラ対策か？

読者は、叙述してきた自衛隊の南西シフト態勢を見てきて、これらの事実をマスメディアがほとんど報道しないことに驚かれると思う。この背景はすでに述べてきたが、問題はマスメディアだけの問題ではない。

残念ながら平和勢力、あるいは、リベラルと言われる知識人たちのほぼ全部が、この状況に沈黙しているのである。その理由は、マスメディアが報道しないからこの事実を知らないともいえるが、一部の「専門家」と称する人々が、この状況を軽視していることにもある。

その代表例が、「南西シフトは陸自のリストラ」だとする主張だ。この主張は、東京新聞の半田滋氏らが、沖縄本島や先島諸島などに出かけて話しているものだ。

なるほど、東西冷戦の終焉によって敵を見失った自衛隊が、「新たな脅威」として中国に対象を向けてきたという側面がないとは言えない。だが、状況は、すでに見たように、南西シフト態勢を水路として、自衛隊は歴史的軍拡に乗り出してきているのだ。空母の保有や次期防衛計画の大綱への自民党の「防衛費2倍化」の主張も、その南西シフト態勢――中国封じ込め戦略を口実にしている。

この事態は、「陸自リストラ論」など遥かに超えて、日米中を軸とし、アジア太平洋地域をも巻き込む、東シナ海、南シナ海の大軍拡競争（新冷戦体制）が始まっているということなのである。

制空・制海権なしにどうするのか？

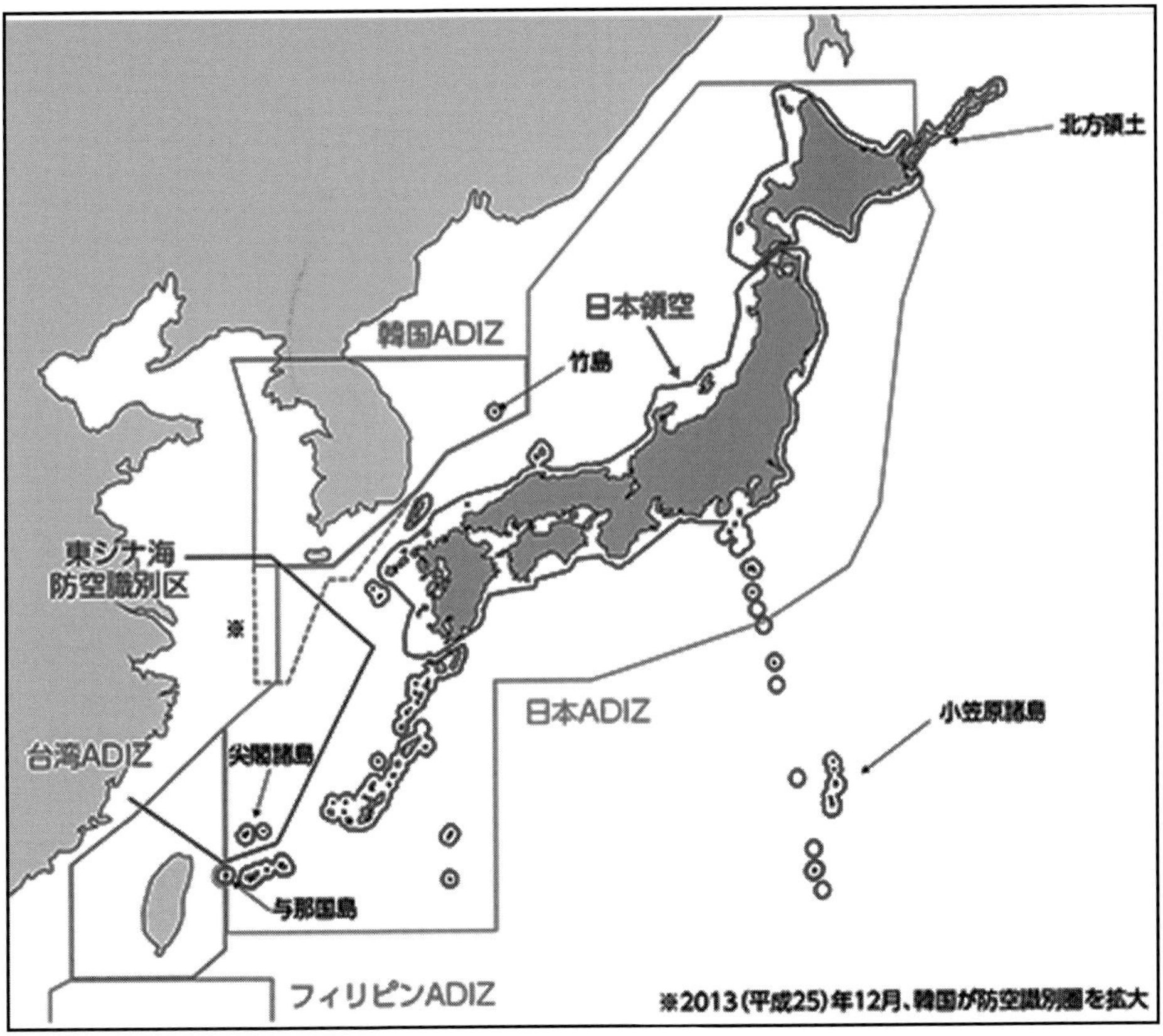
北方領土
日本領空
韓国ADIZ
竹島
東シナ海
防空識別区
※
日本ADIZ
小笠原諸島
台湾ADIZ
尖閣諸島
与那国島
フィリピンADIZ
※2013(平成25)年12月、韓国が防空識別圏を拡大

もう一つの問題は、元朝日新聞の記者である田岡俊次氏らの主張する、先島諸島などに陸自配備は必要ない、空自・海自を増強すればいいのであり、「島嶼防衛」も、「島嶼奪還」も、制海・制空権がなければ孤立する、という主張である。

なるほど、この主張も一理あるように見える。かつての「島嶼防衛戦」の歴史的教訓でもある。しかしながら、この主張も、自衛隊の単なる南西シフト下の大増強を促すだけである。

例えば、現在、動き始めている南西諸島の島々へのF35Bの配備や、ヘリ空母の本格空母への改造なども、このような主張が意味を持たないことを示している。

つまり、自衛隊の「島嶼防衛戦」の「戦力的・戦術的欠陥」を、あれこれあげても意味がない。

問題は、先島諸島などへの自衛隊配備の是非、国境の最前線への、軍事力の挑発的配置の是非である。

日本が中国とともに、どのようにしてアジア太平洋地域の平和を創り出すかが、今、問われているのだ。

＊上図は東アジアの防空識別圏（防衛白書から）。日米韓台なども、国際法に規定のない識別圏を設定しているが、日本は一方的に中国の防空識別圏の撤回を求めている。１３７頁写真は、中国のコーストガード。

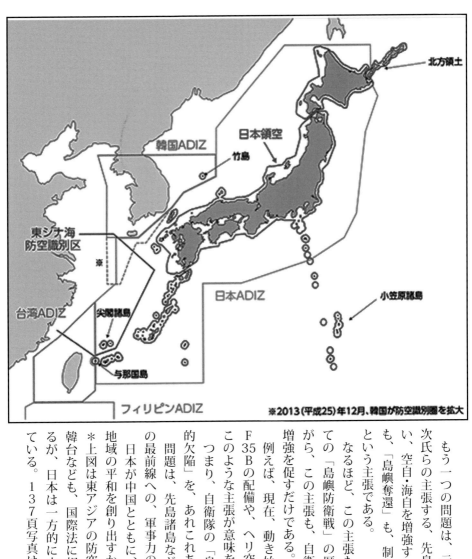

第18章　安倍政権の「インド太平洋戦略」とは何か
——日米豪英仏印の対中包囲網づくり

安倍晋三の「セキュリティ・ダイヤモンド構想」

２０１２年に国際ＮＰＯ「PROJECT SYNDICATE」に英語で発表された、安倍晋三の「セキュリティ・ダイヤモンド構想」と称する論文は、当時、どのマスメディアも、取り上げることも、話題にもしなかった。

ところが、昨年、アメリカ・トランプ政権が、この構想を「インド太平洋戦略」として発表すると、マスメディアも安倍政権の「インド太平洋戦略」として、大きく取り上げ始めたのだ。

当初の安倍晋三の構想としては、頁左図のように日本、オーストラリア、インド、アメリカ・ハワイの連携を強化することで、中国の東シナ海、南シナ海進出を牽制するというものであった。

もっとも、安倍晋三の構想は、安倍はもちろん、日本政府の独創ではない。アメリカの安全保障関係者の構想を、安倍政権が剽窃しただけである。これをさらに、トランプ政権が剽窃したというわけだ。

そして、このトランプ政権の意を体して、米軍もハワイに司令部を置く太平洋軍を「インド太平洋軍」に名称変更するということとなった。つまり、ここにおいて、日米がアジア太平洋地域に関する、「共通の戦略目標」を設定したということだ。

こうして、トランプ政権は、政権発足後初めての安保戦略を２０１７年12月18日「国家安全保障戦略」（ＮＳＳ）として発表、続いて翌年1月19日、マティス国防長官による「国家防衛戦略」（ＮＤＳ）を発表した。

これらのアメリカの安全保障戦略では、「対テロ戦の終了」を宣言するとともに、中国を米国の覇権に挑戦する最大の脅威とみなし、そして、中国とロシアとの「長期的な戦略的競争」に備える体制に転換するという方針を打ち出した。

これは、決定的に重大な問題であるが、マスメディアを含めてこの認識が欠落している。つまり、２００１年以来の対テロ戦争（テロ脅威論）の終了を宣言するとともに、新しい「中国・ロシア脅威論」（中国が主）、対中抑止戦略が発動され始めたということだ。「新冷戦」の始まりと言っていいだろう。

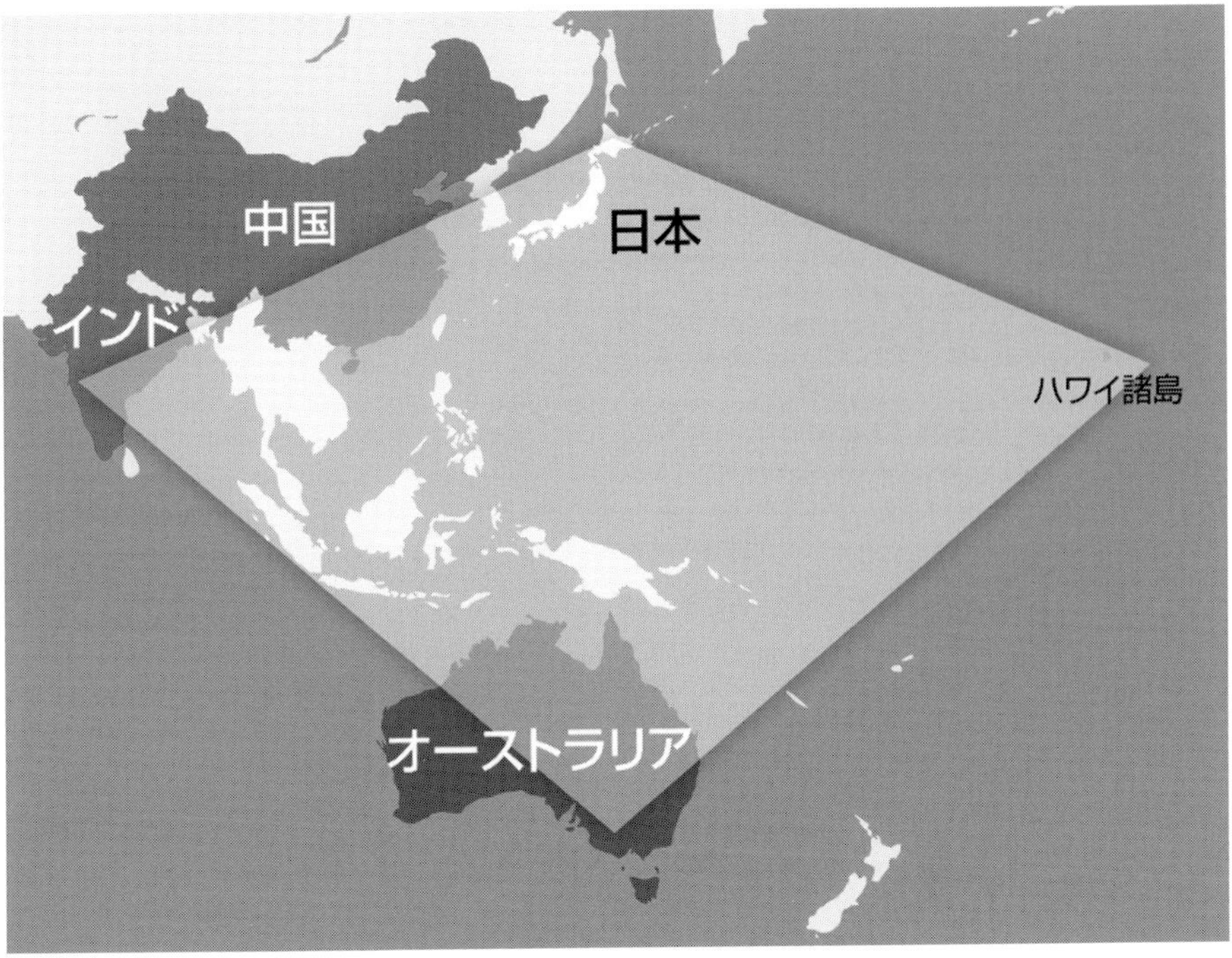

日豪・日英・日仏ACSA締結

安倍政権の「インド太平洋戦略」を先取りして、すでに2008年、日豪安保態勢がスタートし（第1次安倍政権下）、2012年には、日豪物品役務相互提供協定（ACSA）が締結された。また「日英ACSA」も、2017年に締結され、さらに、「日仏ACSA」もまた、2018年7月に合意され、今年中に締結されようとしている。

一見して明白だが、結論からすれば安倍政権が、アジア太平洋地域の「旧宗主国」全てを動員し、対中包囲網づくりを行おうとしているということだ。安倍政権の「インド太平洋戦略」とは、まさしくこの対中抑止戦略を、アメリカと共同しながら、その先兵として担うことに他ならない。

（自衛隊法第100条6～7には「日米ACSA」が、同条8～9には「日豪ACSA」が、また同条10～11には「日英ACSA」が規定されているが、国会では全く審議されず、国民からも隠されている。このACSA締結に見るように、2016年10月には、日英空軍共同演習（三沢基地）が開始されている。）

＊例えば、日米ACSAは、共同訓練だけでなく、存立危機事態などの場合に、兵站、役務などの相互提供を行う。

第19章　先島―南西諸島の「非武装地域宣言」

――かつて南西諸島は非武装地域だった

一木一草も生えなくなる「島嶼防衛戦」

自衛隊の想定する「島嶼防衛戦」は、平時から有事へとシームレスに発展することが予想されるとしている。このシームレスという表現は、自衛隊の全ての文書に出てくる。

これは何を意味するのか？　結論を言えば、島民・住民たちが、この戦争を避けて島外へ避難する時間的余裕が全くない、ということである。

なるほど、国民保護法（武力攻撃事態等における国民の保護のための措置に関する法律）によれば、住民避難が定められている。だが、この場合、政府が「武力攻撃事態」「武力攻撃予測事態」などを認定することが必要であるが、平時から緊急事態へ、有事事態へと切れ目なく移行するこの戦争では、住民避難は不可能だ。

実際に、自衛隊制服組の島嶼防衛研究では、「島嶼防衛戦は軍民混在の戦争」になり、「避難は困難」とする結果が明記されている。研究の中では、その困難の中で、イスラエルのように各家に地下サイロを造るべき、という見解も出されている。

実際の「島嶼防衛」の作戦面からも、住民避難は困難だ。この戦争の初期戦闘では、自衛隊が宮古海峡などの主要なチョーク・ポイントに機雷をばらまくことが、作戦上決定的である。つまり、先島諸島だけで10万人を超える住民たちが避難する、海からの輸送手段は、完全奪われるということだ。

実際にも、この住民避難の法律上の実施責任は、自治体であり、自衛隊はそれに「作戦上支障ない限り協力する」と規定されている。

このような、島民・住民の避難が不可能という状況下で、見てきたように「島嶼防衛戦」は、対艦・対空ミサイル部隊が島中を移動し、戦場化する。また、島嶼間の高速滑空弾や、島嶼間の巡航ミサイルなども、雨霰のごとく降り注ぐのだ。

まさしく、先島諸島などの小さな島々は、一木一草残らず焼き尽くされ、破壊尽くされるだろう。

南西諸島の「非武装地域宣言」を！

このような、すさまじい戦争の中で、島々はどうすれば

いいのか？　結論から言えば、先島―南西諸島は、政府・自衛隊が行おうとするこの「島嶼防衛戦」に対し、世界に向かって「非武装地域宣言」を行い、一切の軍隊の駐留を阻むことだ。

この宣言は、ハーグ陸戦条約第25条に定められた「無防守都市」であることを、紛争当事者に対して宣言することであり、国際的にも認められたものだ。かつて、フィリピンのマニラをはじめ、この宣言を行った都市も数多くある。

あまり知られていないが、戦前の沖縄は、国際法上の「無防備地域」であった。これは、1922年、ワシントン条約（米英日仏）で締結された、「島嶼の要塞化禁止」に基づくものである。この条約（ワシントン体制）のもとで、奄美、沖縄本島、先島諸島（そしてサイパン、テニアン、グアムなど）は、1944年3月、沖縄本島、先島諸島への日本軍上陸までは、軍隊・基地は置かれなかったのだ（1930年代半ばからサイパンなどでは、秘密裡に基地建設）。

この中でも、石垣島は、戦中の1年半という時期を除いて、明治以来およそ150年の間、完全な非武装地域であった。この事実の前に、自衛隊の言う「防衛の空白地帯」などは、単なる屁理屈にしかならない。

先進国間戦争の不可能性

歴史上、少なくとも日本近現代史上で明らかなのは、軍隊・軍人というのは、現実無視、国際情勢の認識欠如、社会常識欠如と言われても仕方がない存在のようだ。

自衛隊の「島嶼防衛戦」では、かつてのシーレーン防衛論などがまたぞろ復活した。旧日本軍が、約1千万トンの軍民船舶を撃沈された歴史を全く学ぼうともしない。

この歴史の教訓とは、「貿易立国・日本」は、世界の海が平和でなくてはその存立さえできない、ということだ。「島嶼防衛戦」の背景にある、中国脅威論についてもしかりだ。戦後、ソ連脅威論がけたたましく叫ばれ、一貫して軍拡政策がとられてきたが、例えば、国内に54基も建設された原子力発電所の対空防衛など、想定されたことも、訓練が行われたこともない。

ちなみに、原発立地地域と自衛隊のミサイル防衛網を見比べれば一見して明らかである。原発防衛など対ソ連抑止戦略の時代から「想定外」なのだ。

中国軍というミサイル大国（核大国）に対して、どうして根本的に防衛が成り立つのか？ 中国は、核戦争にまでエスカレーションしなくても、「間違って」原発にミサイルを撃ち込めば、日本が壊滅することが確実である。

奄美大島 西古見・三連立神（さんれんたちがみ）

つまり、原発54基をもつ日本、同じく40基をもつ中国（2030年までに110基）、同じく24基をもつ韓国などの先進国においては、「戦争が不可能」となっているということだ（中国の原発網のほとんどは、上海を中心とする東シナ海沿岸にある）。

結論から言えば、原発などの高度な、最先端のインフラで構築されている先進国の経済社会は、全ての国の基盤が、戦争に耐えられない脆弱な現実にあるということだ。あえて言うなら、歴代政府のいう「専守防衛」でさえも、日本を含む先進国ではもはや成り立たない。

少子化・人命尊重の社会は戦争に耐えられるか？

このような先進国は、インフラだけではなく、根源的に戦争ができない社会になりつつある。それは、日本に典型的に現れている少子化だ。もはや、日本は国に必要な労働人口さえ確保することが困難になりつつあるが、この状況で兵士となるような青年人口は、急速に減少しつつある。少子化社会の中では、親たちの誰もが自分の子どもたちを戦場に行かせることはないだろう。

そして、その子どもたちは、民主主義と人権、命の尊重という社会の中で育っており、例え訓練されても、強制されても、戦場には行けない、戦争ができない、ということなのだ。

第2次大戦後、一貫して戦争を行ってきたアメリカでさえ、もはや地上戦が不可能という状況に至っている。最近の統計では、米兵はアフガン・イラク戦争開始から現在までにおいて、約7万3千人の自殺者が出ており、これら戦争の帰還兵の、約25％がPTSDを発症しているという。

ここから必然的に出てくる現実的結論は、先進国（間）では戦争はできない。だから、先進国は、戦争を「後進国」（原発などない）に「輸出」しているということだ。アメリカが、ベトナム戦争以後行ってきた戦争は、ほとんどが「後進国への戦争の輸出」であり、今後ますますこの傾向は必然化するだろう。

日本もまた、「本土」での戦争が不可能な中で、戦争の「輸出」を行おうとしている。「**島嶼防衛戦**」**は、先島諸島などへの戦争の**「**輸出**」**であり、再び先島―沖縄を戦場化し、膨大な犠牲を要求する戦争だ。**

この戦争態勢づくりは、安倍政権のもとでの改憲によって一挙に進もうとしている。自衛隊の南西シフト態勢づくりと改憲は軌を一にしていると言っていい。つまり、「**平時の改憲**」**ではなく、**「**有事の改憲**」**態勢の確立**を安倍政権は狙っているのだ。

第20章　アジア太平洋戦争下の「島嶼防衛戦」

——島嶼戦争では日本軍は玉砕全滅、住民は「強制集団死」

「島嶼防衛戦」は全島の破壊戦

現代戦は、通常型戦争でも爆弾・砲弾・ミサイルの破壊力が一段と強まっており、凄まじい破壊戦になっている。特に、島嶼戦争は、小さな島に幾万の敵味方が襲いかかり、雨霰のごとく砲爆撃が行われるから、その破壊力はとりわけ激しい。

こういう中で、自衛隊の「島嶼防衛戦」の様々な研究を見ると、基地・陣地の抗堪《こうたん》性の強化が、強く主張され始めている。抗堪性とは、破壊に耐える基地・陣地などの構造だ。

陸自訓練資料『陣地構築作業』（陸自施設学校・２０１１年）は、この陸自の抗堪性の強化のための「野戦築城」について、具体的に定めた教範である。「築城」とは、旧日本軍以来の軍事用語だ。

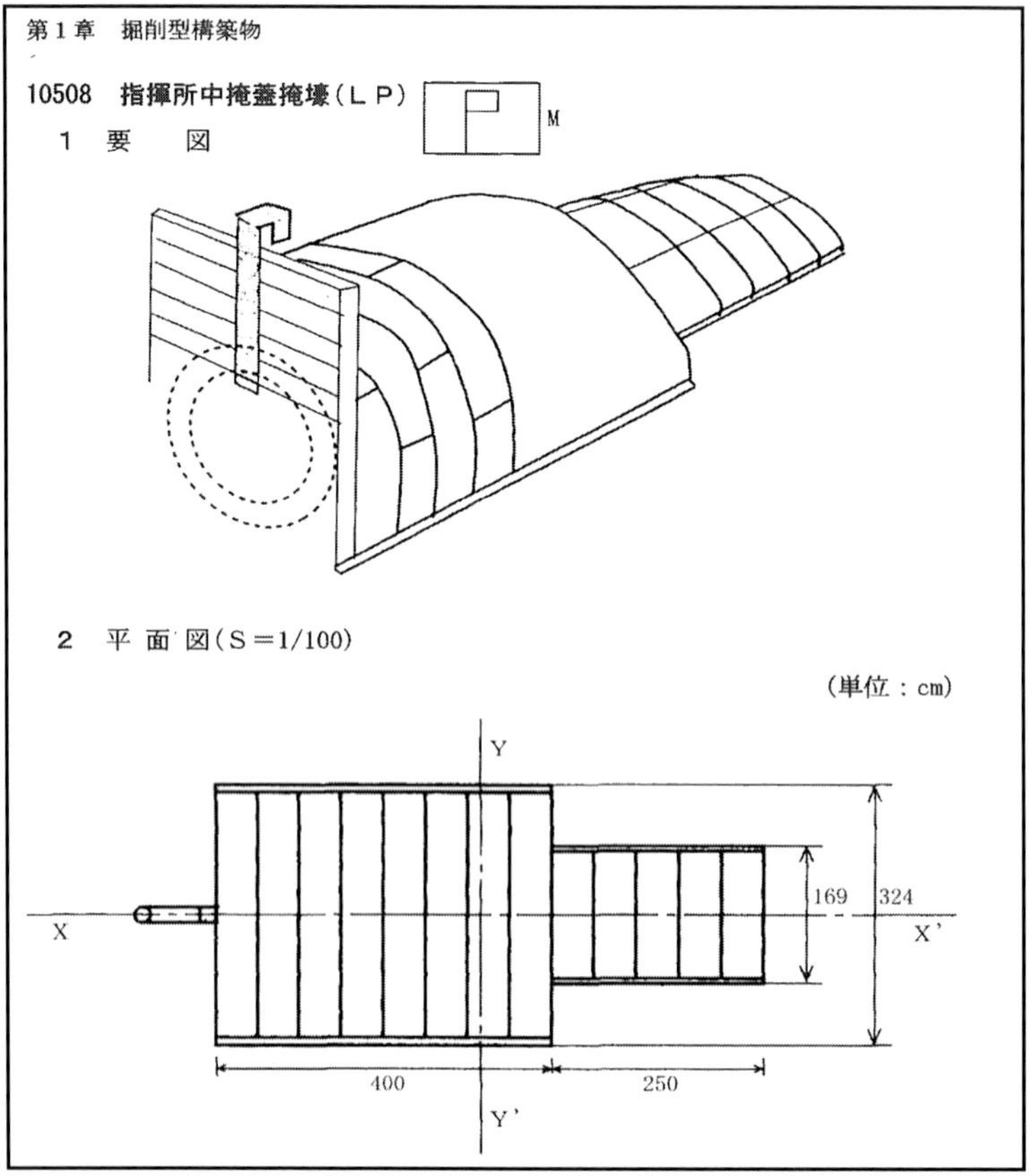

陸自が規定する築城――掩体壕《えんたいごう》

この教範によると、「野戦築城の掩体等の目的」として要求されるのは、「防護性」「機能性」「迅速性」「秘匿性」であり、その築城の構築方式には、「掘削型構築物」と「設置型構築物」の2種類があり、用途によって、火器用、指揮所用、車両用、航空機用、兵站用、個人用などがあるとしている。

さらに、掩蓋《えんがい》強度によって、簡易・軽・中・重掩蓋などの区分があり、例えば重掩蓋は、口径２００ミリ級の砲撃による命中弾に耐えられる構造を定めている。

資材としては、土、木材のほか、強化プラスチック、鉄筋コンクリートをあげ、鉄筋の場合には中・重の構築物として、強い対爆抗力があるとされる。

この場合、「防護厚の算定」として、鉄筋コンクリート壁の厚さは、５００キロ爆弾で38センチ、１５５ミリ榴弾で13㎝と算定されている。

頁右の写真が、その概略図であり、上が師団の指揮所壕、１４８頁が１５５ミリ榴弾砲の掩体壕、１４９頁が師団司令部の築城作業風景だ。

地下壕・地下トンネルは不可避

筆者は、アジア太平洋戦争下の、先島―沖縄本島をはじめ、サイパン、グアム、テニアン、フィリピン――コレヒドール島、シンガポール、チェジュ島（済州島）、そして、北海道から東日本周辺の戦争の傷痕、特に島嶼戦争の現場を歩いてきた。

この戦争の現場では、至るところに、トーチカ、地下壕、地下トンネル、司令部壕、兵站壕などが、それこそ縦横無尽に掘られ、残されていた。

つまり、かつての日本軍と、現在の自衛隊が戦争の舞台として設定しているのは、縦深がなく、長期の持久戦が不可能な島々だ。例えば、サイパンは、面積１８５平方キロ（伊豆大島の２倍）、テニアンは、１０１平方キロである。

これと比較してみると、石垣島は２２９平方キロ、宮古島は１５９平方キロであり、ほとんど両島ともサイパン島と同じぐらいの大きさだ。

「宮古島はその平坦で起伏に乏しい地形のため、航空基地の設定に適し」ているが、「島全体が平坦で上陸可能地点が多い。敵の上陸を阻止する地形上の障害物が少ない」と、陸自の機関誌『陸戦研究』（２０１４年5月号）

第10節　野戦砲用構築物
11002　155㎜榴弾砲FH－70軽掩蓋掩壕（ＬＰ）
L

はいう。

　このような小さな島に、旧日本軍は、宮古島に3万人、石垣島に1万人、沖縄本島に11万6千人、サイパンに4万3千人、グアムに2万人、テニアンに8千人を配備した。

　しかし、島々で米連合軍は、日本軍の数倍の兵力を投入しただけでなく、島々のどの地点にも敵の上陸は可能であるから、実際の上陸戦正面では、日本軍が対峙したのは十倍以上の米連合軍兵力であった。つまり、「島嶼防衛戦」では、島の「全周防御」は不可能であるということだ。そしてまた、個々の島々の全周防御が不可能なだけでなく、それぞれの島々の、「全島の防御」も不可能なのである。

　アジア太平洋の島嶼戦争では、日本軍は最初から最後に至るまで「水際防御」（敵の上陸を阻止）にこだわり、水際にトーチカなどを築城して戦ったが、結局、いとも簡単に上陸を許し、戦闘は短期間で終わってしまった。

　このような大敗北の中で、沖縄戦、本土決戦では、水際防御を諦め、長期持久戦という作戦を採った、採ろうとしたのである。

　結論できるのは、このような歴史を見る限り「島嶼防衛戦」は、不可能であるということだ（だから自衛隊は「島嶼奪回」作戦、「島嶼間ミサイル戦」を、あらかじめ策定）。

第21章　島嶼戦争の現場を歩く

沖縄本島の日本軍の地下壕

頁上・下は、首里城の近くにある陸軍第32軍司令部壕跡。これは、首里城の地下、南北を横断する約2キロの壕で繋がる（非公開）。頁左は、豊見城市にある海軍司令部壕。壕の長さは約450メートルで、約4千人の兵士が収容されていた（300メートルが公開）。

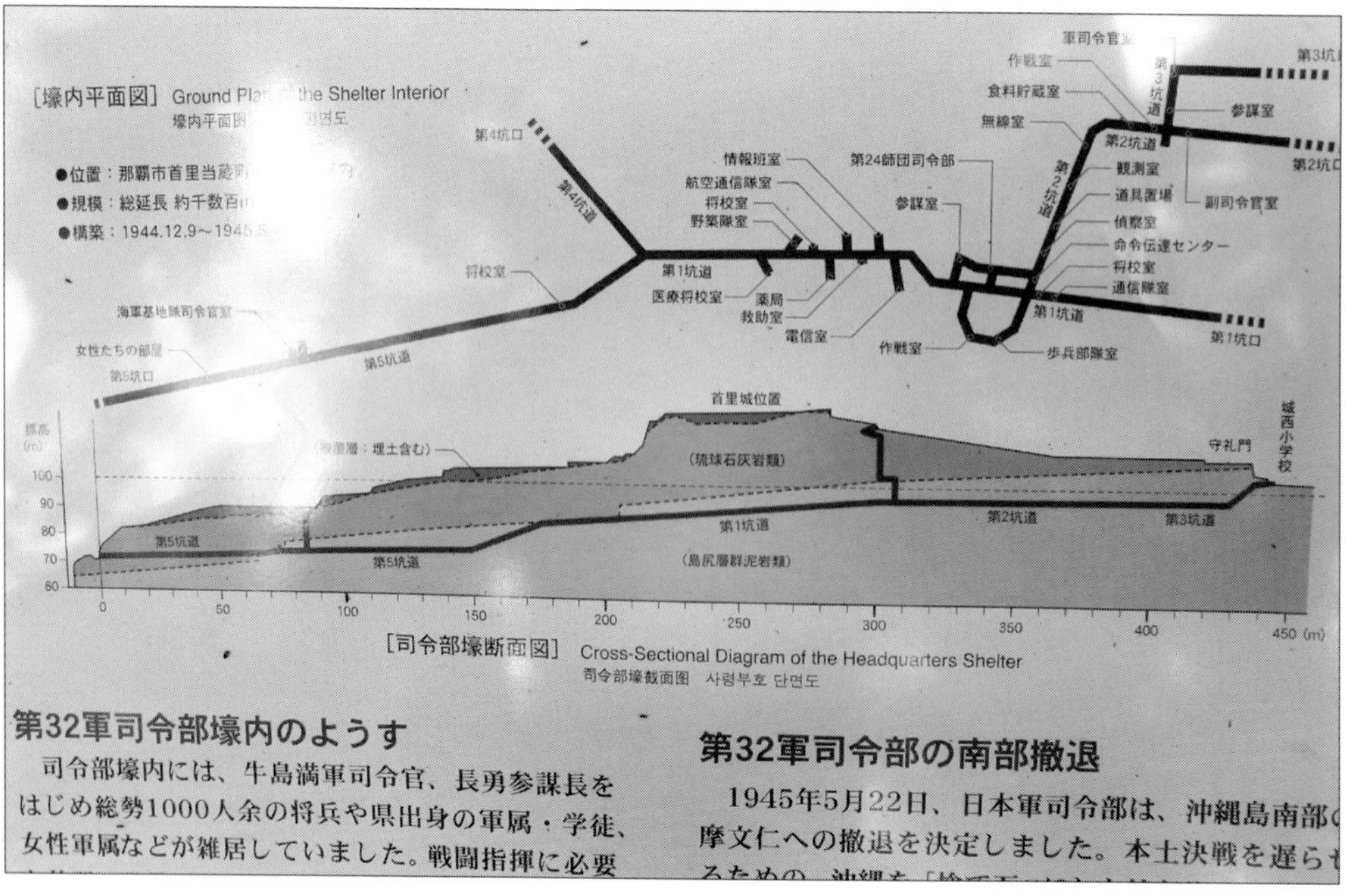

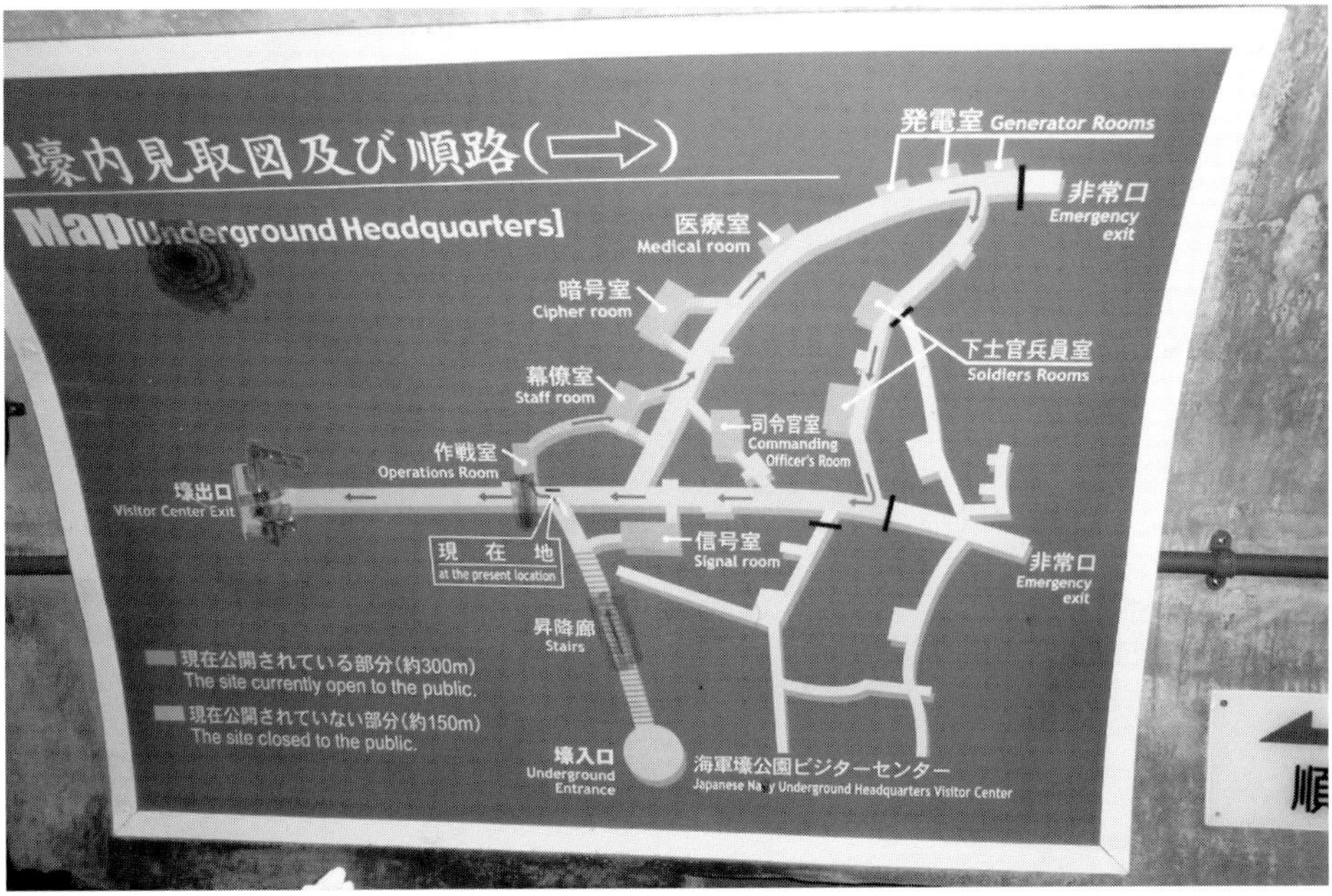
壕内見取図及び順路(⇨)
Map[Underground Headquarters]
発電室 Generator Rooms
非常口
Emergency exit
医療室
Medical room
暗号室
Cipher room
下士官兵員室
Soldiers Rooms
幕僚室
Staff room
司令官室
Commanding Officer's Room
作戦室
Operations Room
壕出口
Visitor Center Exit
現在地
at the present location
信号室
Signal room
非常口
Emergency exit
昇降廊
Stairs
現在公開されている部分(約300m)
The site currently open to the public.
現在公開されていない部分(約150m)
The site closed to the public.
壕入口
Underground Entrance
海軍壕公園ビジターセンター
Japanese Navy Underground Headquarters Visitor Center
順

グアムの島嶼戦争

グアムに配置された日本軍は、総兵力2万810人。だが、1944年7月21日から8月11日までの、わずか20日間の戦闘で、戦死者は1万9千135人、生還したのは1千304人だ。およそ95パーセントの戦死という、凄まじい戦争だ。

周知のように、戦争終了後にも多数の日本兵たちが敗残兵として残ったが、1972年、戦後27年もたって、横井庄一元伍長が発見された。

グアム島には、米軍の上陸地点に、水際戦闘のために日本軍が構築したトーチカが多数残されている。

また、米軍の上陸予想地点などにも、地下壕戦に備えたトンネル、地下壕が多数残されている。

頁下は、米連合軍の上陸地点・アガット湾にある、自然の岩場を利用して造られた日本軍のトーチカ。

頁左上は、首都ハガニアの台地一帯に多数掘られた地下壕戦の跡（「サン・ラモンの防空壕」）。真ん中は壕内の地図だが、長さは数百メートルはあると思われるが判明していない。その下が、陸軍第31軍・第29師団の司令部壕で、全くの無傷で残存している。

SAN RAMON HILL
Average height of tunnel 1.55M
Average height of tunnel 1,75M
ear exit
O'BRIEN DRIV

サイパン・テニアンの島嶼戦争

「強制集団死」で知られるサイパンの島嶼戦争——米連合軍上陸の1944年6月15日から7月8日まで、戦闘はわずか24日間。この戦いで動員された日本軍は、陸軍3万1千805人、そのうち戦死者2万8千958人。海軍は、1万5千164人が動員され、なんと約1万5千人が戦死という悲惨な状況だ。

しかし、ここには民間人は入っていない。沖縄戦前の、初めて民間人を巻き込んだ地上戦であるこの戦争では、在留日本人約2万5千人のうち、約8千~1万人が亡くなった。また、その亡くなった島民のほとんどが「強制集団死」であり、沖縄出身者が大半を占める。また、基地建設に駆り出された朝鮮半島出身者も、多数が亡くなり（バンザイ・クリフ近くに慰霊碑）、先住民・チャモロ人も、930人がこの戦争で死亡、多大な犠牲を強いた。

サイパン戦終了直後、続いて始まったテニアンの戦闘では（同年7月24日から）、日本軍の陸海軍合計8千111人が動員され、8月3日、日本軍の玉砕で終了した。生き残った日本兵は、10日間の戦闘でわずか約300人であった（在留日本人の約2千人が「強制集団死」）。

頁下は、テニアン島の上陸地点に残る日本軍トーチカ。

頁上は、サイパンの南部アギンガンにある「ドイツの防壁」と呼ばれる堅固な日本軍トーチカ。中下とも米連合軍の主上陸地点チャランカノア・ビーチの日本軍トーチカ。トーチカの上には、この対上陸戦闘で破壊された旧日本軍の戦車が残されている。

シンガポールの島嶼戦争

日本軍のマレー侵攻作戦は、ハワイ急襲よりも1時間半早いことで知られているが、マレー半島上陸後の翌年の2月8日には、シンガポール上陸を開始した。このマレー半島上陸から、シンガポールでの戦闘終了までは70日、シンガポール上陸後の戦闘は、わずか7日間だ。

この間、日本軍の死傷者は、9千567人（戦死3千507人）、英軍の戦死傷者は、約8千700人、英軍とインド兵の捕虜は13万人。この中の数万人が、泰面鉄道建設の労働に駆り出された（捕虜の約1万人が死亡）。

また、シンガポールを占領した日本軍は「華人大検証」（粛正）を行い、「抗日分子」として約5万人を虐殺した（シンガポール政府の調査・発表）。

写真上は、英軍の要塞であったセントーサ島に残存するトーチカ。右は日英軍の最後の激戦地パシル・パンジャンに残る英軍のトーチカ。

韓国・チェジュ島の本土決戦態勢

日本では、あまり知られていないが、韓国・チェジュ島には、無数の日本軍戦跡が残され、韓国政府によって保存されている。ここでは、1945年初めから本土決戦態勢が始まり、韓国駐留日本軍3分の1の、約7万人が動員された。同島には、たくさんのトーチカ、地下壕、飛行場、地下司令部が残る。写真は、「カマオルム日帝洞窟陣地」で、総延長1・9キロ、出入口30カ所の巨大地下壕だ。

フィリピン・コレヒドール島の島嶼戦争

アジア太平洋地域の戦争は、日本軍の上陸・占領・敗退という形で、繰り返し現地の人々を蹂躙して行われた。このフィリピンの戦争でも、中国での日本軍の戦死者を超える約50万人の戦死者が出ている（中国では約46万人）。

ところが、この戦争では、約111万人のフィリピン人が死亡し、その半数以上が日本軍による虐殺であったが、このことは日本では、ほとんど知られていない。フィリピンの各地には、日本軍によって殺害された人々のメモリアルがたくさん残され、今なお毎年の慰霊祭が行われている。

下の写真は、二度に亘る上陸戦の部隊となったコレヒドール島の日本軍トーチカだ。マッカーサーのせりふ「I SHALL RETURN」で有名だが、この島に日本軍は1942年5月に上陸し、マッカーサー率いる米比軍を打ち破った。だが、1945年2月には、今度は米軍が上陸し、日本軍はほとんどが玉砕、戦死した。

コレヒドール島には、米軍の多数の戦跡と共に日本軍の戦跡も残存する。上・右はサウスドックに残る日本軍トーチカ。

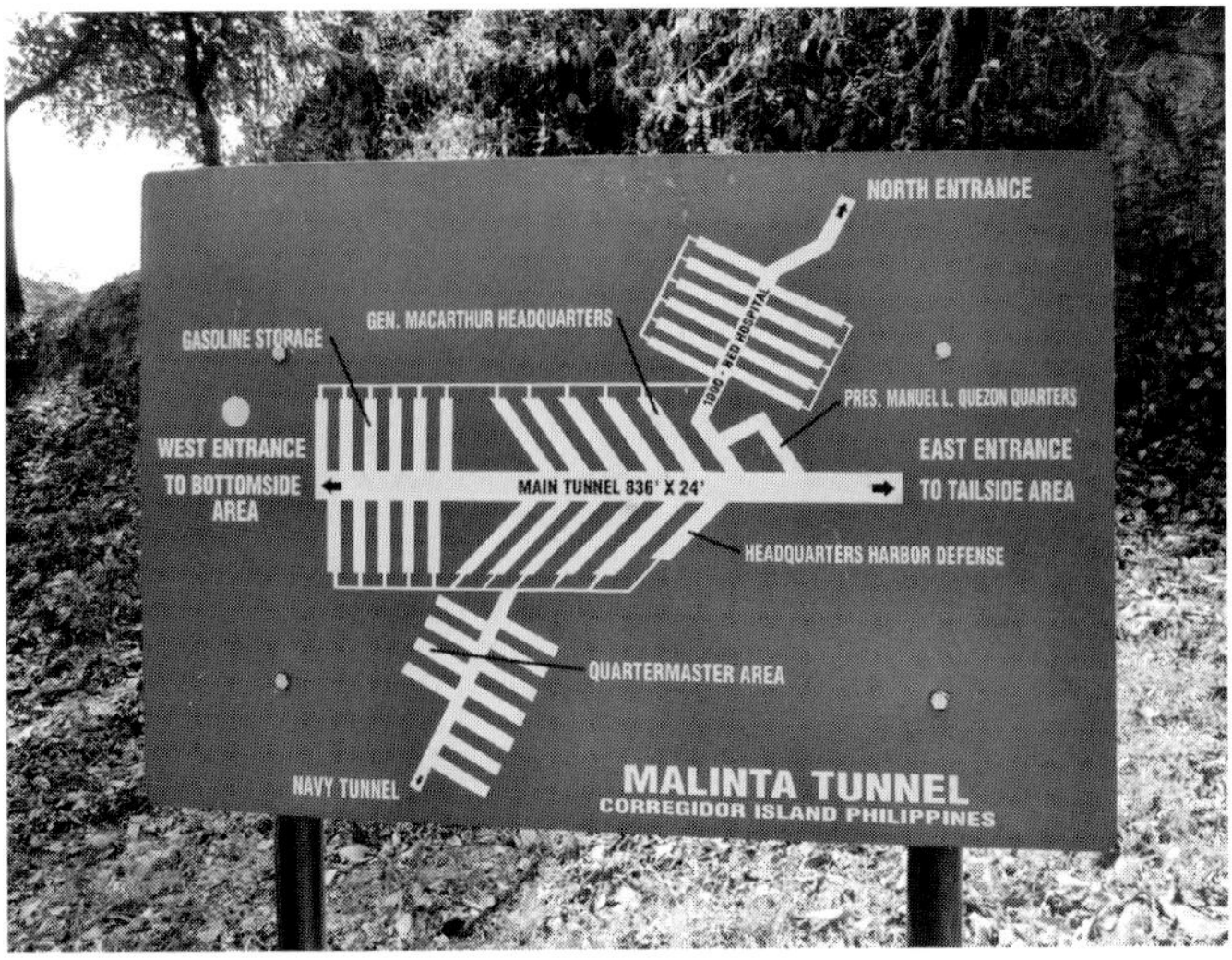

写真上は、同島のマリンタ・トンネル。米軍の司令部など、また日本軍の陣地として、両軍に利用された。中央には、東西282メートルのメイン・トンネルがあり、ここから北側に13本、南側に11本の横穴が造られ、この平均の長さは約50メートル、幅は4・6メートル。横穴には、地下司令部、病院、通信所などが設けられていた。

本土決戦の最後の砦・松代大本営

本土決戦の最後の砦として築かれた、松代大本営・象山地下壕はよく知られているが、ここから少し離れたところにある舞鶴山壕を訪れる人は、ほとんどいない。

この場所が、本土決戦の天皇の避難先として造られた舞鶴山壕だ。上に見るように地下に降りる、長さ51メートルのトンネルがあり、ここが「地下御殿」壕。この近くの地上に「仮御座所」がある。「地下御殿」は、10トン爆弾に耐えるように設計されている。

頁左は、象山地下壕跡（上図が縦横に掘られた地下道）。長さは5千853メートルもあり、約4千人分のトイレが備えられていた。

政府・大本営などの関係者が入る予定であった。この地下壕建設には朝鮮人約7千人が動員され、多数が犠牲になった。

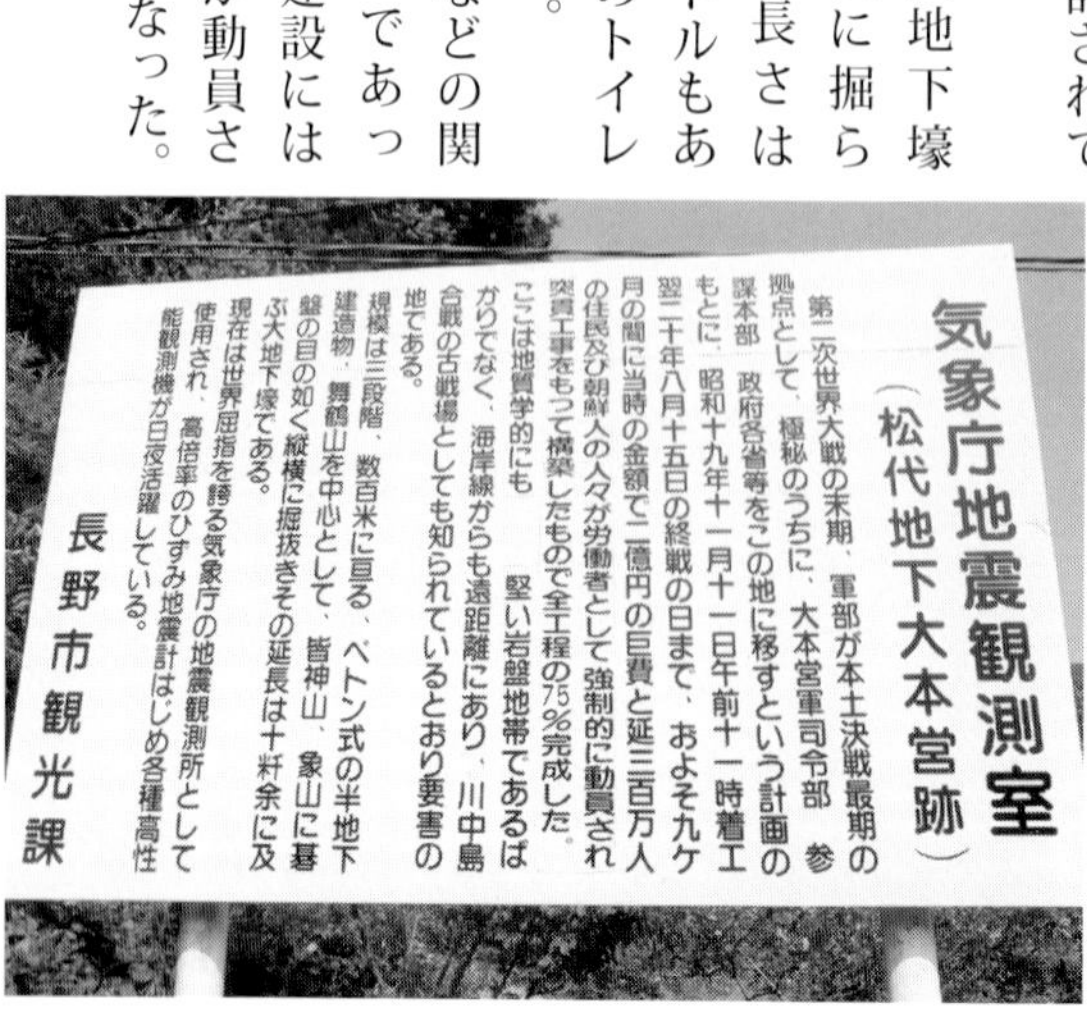
気象庁地震観測室
（松代地下大本営跡）

第二次世界大戦の末期、軍部が本土決戦最期の拠点として、極秘のうちに、大本営軍司令部 参謀本部 政府各省等をこの地に移すという計画のもとに、昭和十九年十一月十一日午前十一時着工翌二十年八月十五日の終戦の日まで、およそ九ケ月の間に当時の金額で二億円の巨費と延三百万人の住民及び朝鮮人の人々が労働者として強制的に動員され突貫工事をもって構築したもので全工程の75%完成した。

ここは地質学的にも 堅い岩盤地帯であるばかりでなく、海岸線からも遠距離にあり、川中島合戦の古戦場としても知られているとおり要害の地である。

規模は三段階、数百米に亘る、ベトン式の半地下建造物、舞鶴山を中心として、皆神山、象山に碁盤の目の如く縦横に掘抜きその延長は十粁余に及ぶ大地下壕である。

現在は世界屈指を誇る気象庁の地震観測所として使用され、高倍率のひずみ地震計はじめ各種高性能観測機が日夜活躍している。

長野市観光課

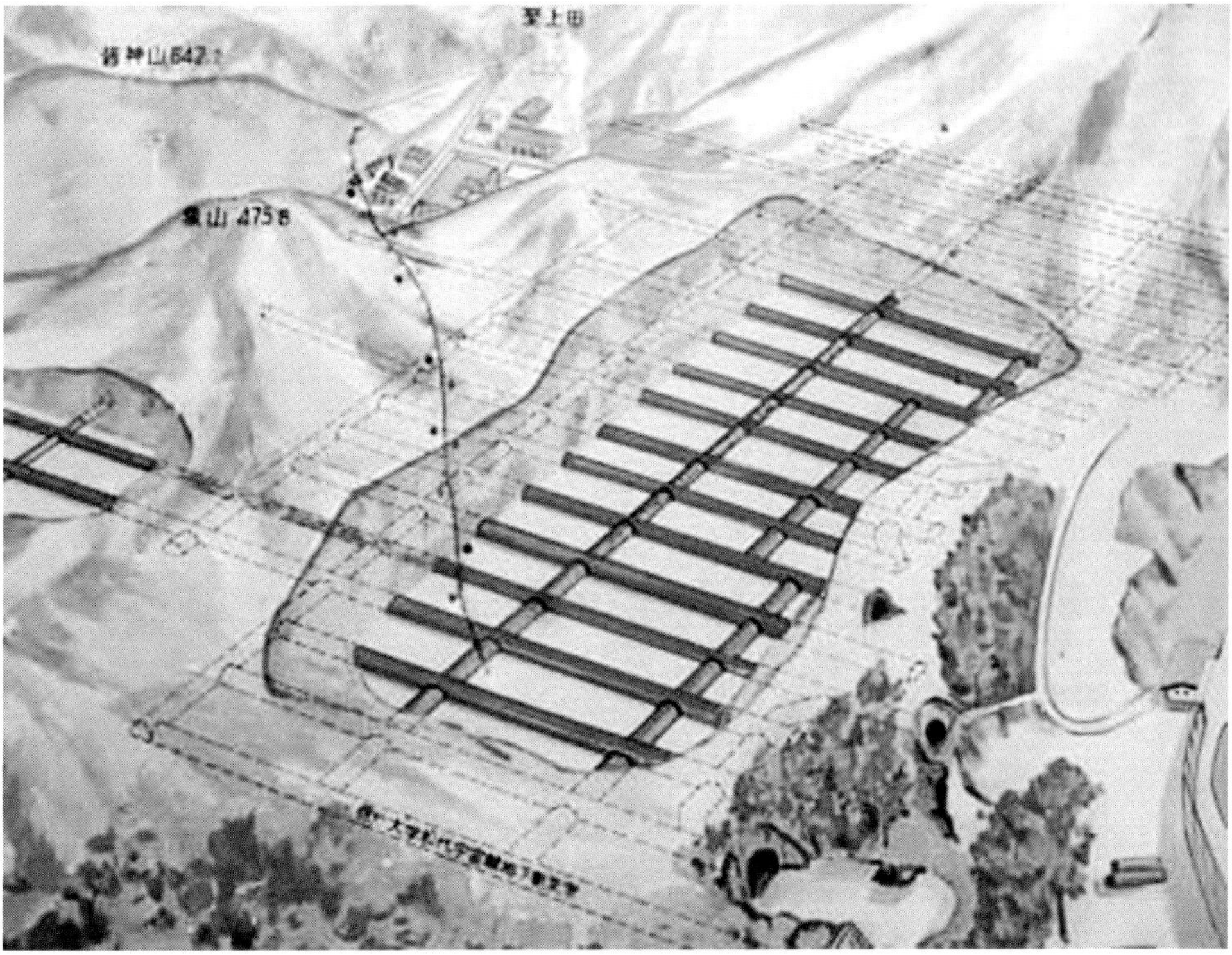

ヘルメット着用
頭上注意
壕内禁煙

連合艦隊司令部となった日吉台地下壕

「陸に上がった連合艦隊」として皮肉られ、全ての艦隊を失って造られたのが、連合艦隊司令部壕である。ここは、慶応大学日吉校舎の敷地内に残されており、総延長は2千600メートル。

写真下が、連合艦隊司令長官室だ。内部はアーチ状にコンクリートで固められている。

筆者は、アジア太平洋地域のたくさんの地下壕を見てきたが、この海軍壕のような見事な壕は見たことがない。

内部は空調設備が整っている。ここには、特攻機や戦艦大和の最後の通信も届いていたと言われている。

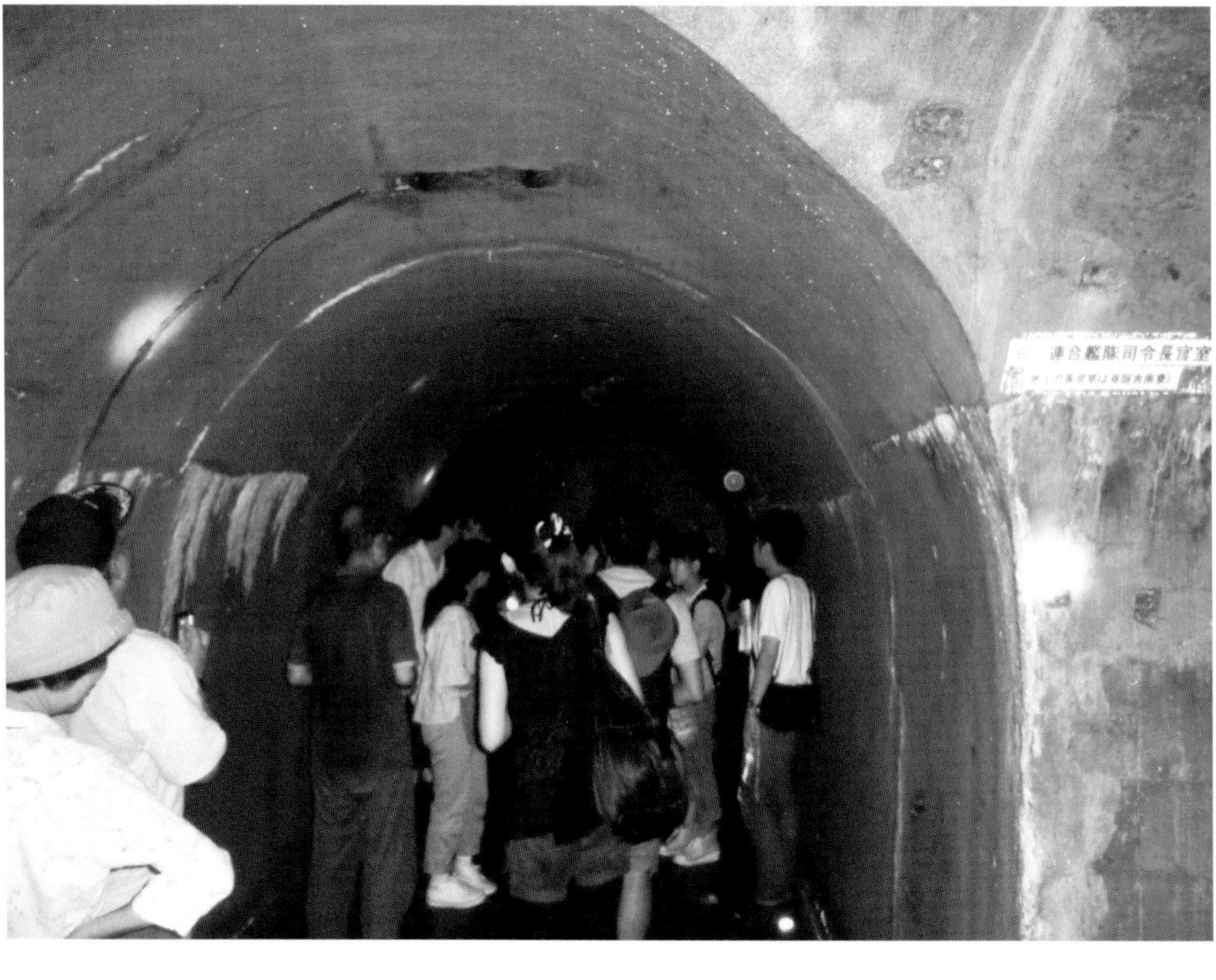

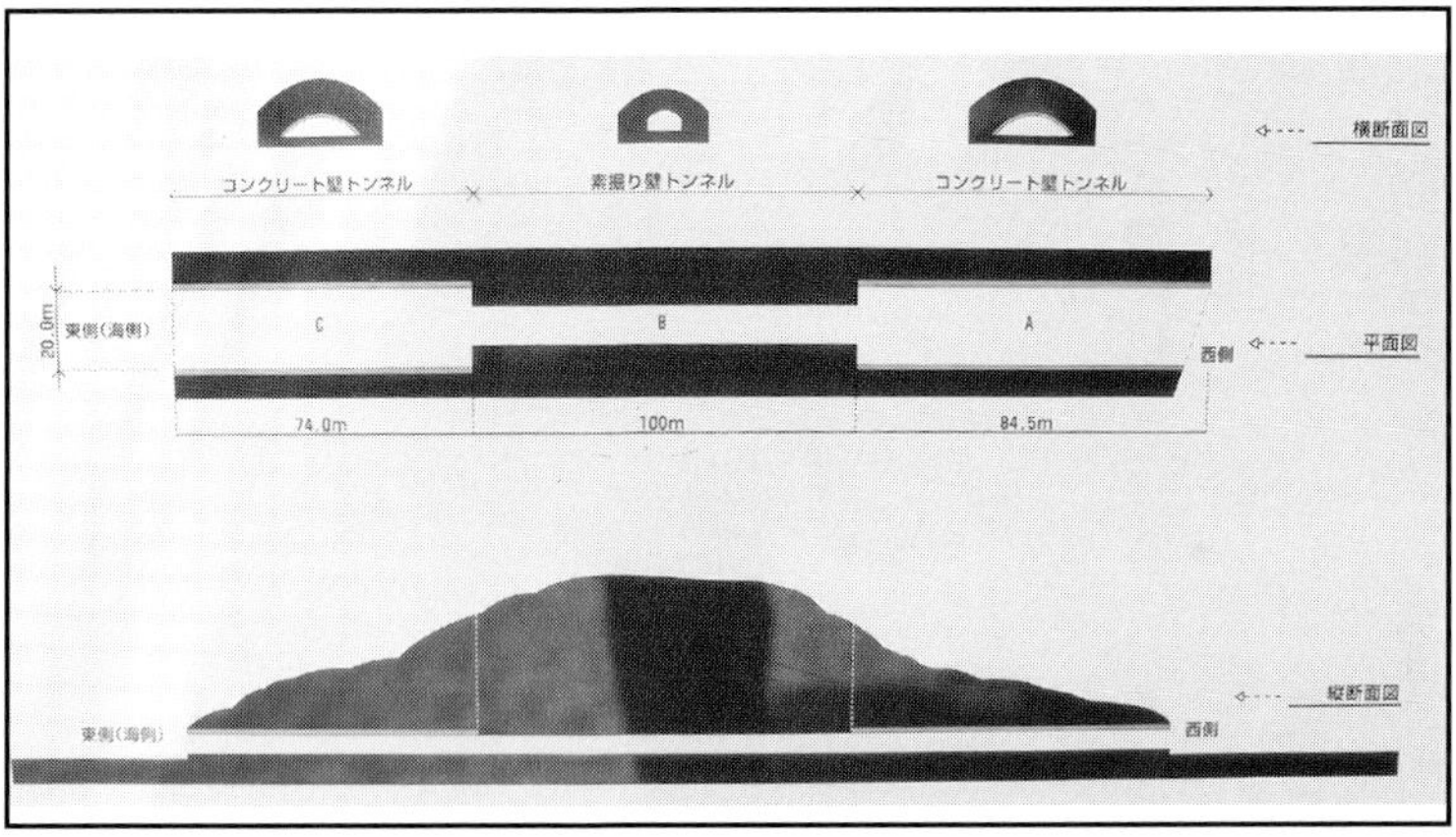

日本最大の横須賀・野島の掩体壕

横須賀・野島山（標高55メートル）にある掩体壕の大きさは日本一。図にあるように、山を東西にくり抜いたもので、長さ約２６０メートル。アーチ状の間口は20メートル、高さは7メートルあり、小型戦闘機１００機を格納できるという。

野島掩体壕は、横須賀航空隊が、本土決戦態勢に入る中で造られた。自衛隊の「島嶼戦争」が近づけば、このような長大な壕が島々には無数に造られることになるのだ。

北海道太平洋岸に無数に造られたトーチカ群

北海道の根室―釧路―大樹町―苫小牧と続く太平洋沿岸には、日本軍が構築した無数のトーチカ群が残存する。

このトーチカ群が造られたのは、もちろん、対ソ戦のためではない、対米戦だ。

1942年5月、米軍のアッツ島上陸――日本軍の玉砕後、大本営は、米軍の本土侵攻を千島列島、そして、東部北海道方面として設定。マリアナ諸島敗北後、本土決戦必至の情勢が迫ると、太平洋岸一帯にも築城を開始した。

根室には、およそ30前後のトーチカが造られたが、現在は下の友知のトーチカ、桂木のトーチカなど14基が残存しているだけだ。

巨大な大樹町のトーチカ群

頁左に見るように、太平洋岸の大樹町の旭浜には、ほぼ100メートルおきにトーチカが並んでいる。このトーチカ群は、特にその銃眼の厚さがすごい。下のトーチカは、銃眼の厚さ2・5メートル。鉄筋で固められている。

これらは、たぶんアジア太平洋地域で最大の規模のものだ。自衛隊が「島嶼防衛戦」を始めるとなると、先島諸島

旭浜のトーチカ群

などでもこんな風景が現れるのだ。こんな島々の戦場風景などをつくりだしてはならない。

日本軍の石垣島・宮古島での島嶼戦争跡

石垣島には、於茂登岳を中心にして無数の戦跡が残されている。地下壕や掩体壕、トーチカ、特攻基地壕跡である。

下は、自衛隊配備予定地の、嵩田地区にあるトーチカだ。今は人の住んでいない家の中に残されている。

宮古島に残されている戦跡の最大のものが、「ピンフ嶺野戦重火砲壕跡」だ（次頁上）。宮古島の北東部のパナタガー嶺（標高95メートル）の中腹にあり、約50メートルほどを掘り抜いた壕だ。野戦重火砲というだけあって、通路の幅は大きい。部隊は「山砲兵第28連隊」の隷下の「先島集団砲兵隊」が駐留した。

次頁下が、トゥリパ・マリーナの湾岸に沿って7～8個残されている、特攻艇「震洋隊」壕だ。海軍艦艇のほとんどを喪失した後、日本陸海軍が選んだのが、空だけでない「海の特攻作戦」だ。宮古島・石垣島・沖縄本島には、この特攻艇壕が無数に残存している。

●資料1　日米防衛協力のための指針（日米ガイドライン）

２０１５年４月27日

Ⅰ　防衛協力と指針の目的

平時から緊急事態までのいかなる状況においても日本の平和及び安全を確保するため、また、アジア太平洋地域及びこれを越えた地域が安定し、平和で繁栄したものとなるよう、日米両国間の安全保障及び防衛協力は、次の事項を強調する。

・切れ目のない、力強い、柔軟かつ実効的な日米共同の対応
・日米両政府の国家安全保障政策間の相乗効果
・政府一体となっての同盟としての取組
・地域の及び他のパートナー並びに国際機関との協力
・日米同盟のグローバルな性質

日米両政府は、日米同盟を継続的に強化する。各政府は、その国家安全保障政策に基づき、各自の防衛態勢を維持する。日本は、「国家安全保障戦略」及び「防衛計画の大綱」に基づき防衛力を保持する。米国は、引き続き、その核戦力を含むあらゆる種類の能力を通じ、日本に対して拡大抑止を提供する。米国はまた、引き続き、アジア太平洋地域において即応態勢にある戦力を前方展開するとともに、それらの戦力を迅速に増強する能力を維持する。

日米防衛協力のための指針（以下「指針」という。）は、二国間の安全保障及び防衛協力の実効性を向上させるため、日米両国の役割及び任務並びに協力及び調整の在り方についての一般的な大枠及び政策的な方向性を示す。これにより、指針は、平和及び安全を促進し、紛争を抑止し、経済的な繁栄の基盤を確実なものとし、日米同盟の重要性についての国内外の理解を促進する。

Ⅱ　基本的な前提及び考え方

指針並びにその下での行動及び活動は、次の基本的な前提及び考え方に従う。

A　日本国とアメリカ合衆国との間の相互協力及び安全保障条約（日米安全保障条約）及びその関連取極に基づく権利及び義務並びに日米同盟関係の基本的な枠組みは、変更されない。

B　日本及び米国により指針の下で行われる全ての行動及び活動は、紛争の平和的解決及び国家の主権平等に関するものその他の国際連合憲章の規定並びにその他の関連する国際約束を含む国際法に合致するものである。

C　日本及び米国により行われる全ての行動及び活動は、

各々の憲法及びその時々において適用のある国内法令並びに国家安全保障政策の基本的な方針に従って行われる。日本の行動及び活動は、専守防衛、非核三原則等の日本の基本的な方針に従って行われる。

D　指針は、いずれの政府にも立法上、予算上、行政上又はその他の措置をとることを義務付けるものではなく、また、指針は、いずれの政府にも法的権利又は義務を生じさせるものではない。しかしながら、二国間協力のための実効的な態勢の構築が指針の目標であることから、日米両政府が、各々の判断に従い、このような努力の結果を各々の具体的な政策及び措置に適切な形で反映することが期待される。

Ⅲ　強化された同盟内の調整

指針の下での実効的な二国間協力のため、平時から緊急事態まで、日米両政府が緊密な協議並びに政策面及び運用面の的確な調整を行うことが必要となる。

二国間の安全保障及び防衛協力の成功を確かなものとするため、日米両政府は、十分な情報を得て、様々なレベルにおいて調整を行うことが必要となる。この目標に向かって、日米両政府は、情報共有を強化し、切れ目のない、実効的な、全ての関係機関を含む政府全体にわたる同盟内の調整を確保するため、あらゆる経路を活用する。この目的のため、日米両政府は、新たな、平時から利用可能な同盟調整メカニズムを設置し、運用面の調整を強化し、共同計画の策定を強化する。

A　同盟調整メカニズム

持続する、及び発生する脅威は、日米両国の平和及び安全に対し深刻かつ即時の影響を与え得る。日米両政府は、**日本の平和及び安全に影響を与える状況その他の同盟としての対応を必要とする可能性があるあらゆる状況に切れ目のない形で実効的に対処**するため、同盟調整メカニズムを活用する。このメカニズムは、平時から緊急事態までのあらゆる段階において自衛隊及び米軍により実施される活動に関連した政策面及び運用面の調整を強化する。このメカニズムはまた、適時の情報共有並びに共通の情勢認識の構築及び維持に寄与する。日米両政府は、実効的な調整を確保するため、必要な手順及び基盤（施設及び情報通信システムを含む。）を確立するとともに、定期的な訓練・演習を実施する。

日米両政府は、同盟調整メカニズムにおける調整の手順及び参加機関の構成の詳細を状況に応じたものとする。この手順の一環として、平時から、連絡窓口に係る情報が共有され及び保持される。

B　強化された運用面の調整

柔軟かつ即応性のある指揮・統制のための強化された二国間の運用面の調整は、日米両国にとって決定的に重要な中核的能力である。この文脈において、日米両政府は、自衛隊と米軍との間の協力を強化するため、運用面の調整機能が併置されることが引き続き重要であることを認識する。

自衛隊及び米軍は、緊密な情報共有を確保し、平時から緊急事態までの調整を円滑にし及び国際的な活動を支援するため、要員の交換を行う。自衛隊及び米軍は、緊密に協力し及び調整しつつ、各々の指揮系統を通じて行動する。

C　共同計画の策定

日米両政府は、自衛隊及び米軍による整合のとれた運用を円滑かつ実効的に行うことを確保するため、引き続き、共同計画を策定し及び更新する。日米両政府は、計画の実効性及び柔軟、適時かつ適切な対処能力を確保するため、適切な場合に、運用面及び後方支援面の所要並びにこれを満たす方策をあらかじめ特定することを含め、関連情報を交換する。

日米両政府は、平時において、日本の平和及び安全に関連する緊急事態について、各々の政府の関係機関を含む改良された共同計画策定メカニズムを通じ、共同計画の策定を行う。共同計画は、適切な場合に、関係機関からの情報を得つつ策定される。日米安全保障協議委員会は、引き続き、方向性の提示、このメカニズムの下での計画の策定に係る進捗の確認及び必要に応じた指示の発出について責任を有する。日米安全保障協議委員会は、適切な下部組織により補佐される。

共同計画は、日米両政府双方の計画に適切に反映される。

Ⅳ　日本の平和及び安全の切れ目のない確保

持続する、及び発生する脅威は、日本の平和及び安全に対し深刻かつ即時の影響を与え得る。この複雑さを増す安全保障環境において、日米両政府は、日本に対する武力攻撃を伴わない時の状況を含め、**平時から緊急事態までのいかなる段階においても、切れ目のない形で、日本の平和及び安全を確保するための措置をとる。**この文脈において、日米両政府はまた、パートナーとの更なる協力を推進する。

日米両政府は、これらの措置が、各状況に応じた柔軟、適時かつ実効的な二国間の調整に基づいてとられる必要があること、及び同盟としての適切な対応のためには省庁間調整が不可欠であることを認識する。したがって、日米両政府は、適切な場合に、次の目的のために政府全体にわたる同盟調整メカニズムを活用する。

・状況を評価すること
・情報を共有すること、及び
・柔軟に選択される抑止措置及び事態の緩和を目的とした行動を含む同盟としての適切な対応を実施するための方法を立案すること

日米両政府はまた、これらの二国間の取組を支えるため、日本の平和及び安全に影響を与える可能性がある事項に関する適切な経路を通じた戦略的な情報発信を調整する。

A　平時からの協力措置

日米両政府は、日本の平和及び安全の維持を確保するため、日米同盟の抑止力及び能力を強化するための、外交努力によるものを含む広範な分野にわたる協力を推進する。

自衛隊及び米軍は、あらゆるあり得べき状況に備えるため、相互運用性、即応性及び警戒態勢を強化する。このため、日米両政府は、次のものを含むが、これに限られない措置をとる。

1　情報収集、警戒監視及び偵察

日米両政府は、日本の平和及び安全に対する脅威のあらゆる兆候を極力早期に特定し並びに情報収集及び分析における決定的な優越を確保するため、共通の情勢認識を構築し及び維持しつつ、情報を共有し及び保護する。これには、関係機関間の調整及び協力の強化を含む。

自衛隊及び米軍は、各々のアセットの能力及び利用可能性に応じ、情報収集、警戒監視及び偵察（ＩＳＲ）活動を行う。これには、日本の平和及び安全に影響を与え得る状況の推移を常続的に監視することを確保するため、相互に支援する形で共同のＩＳＲ活動を行うことを含む。

2　防空及びミサイル防衛

自衛隊及び米軍は、弾道ミサイル発射及び経空の侵入に対する抑止及び防衛態勢を維持し及び強化する。日米両政府は、早期警戒能力、相互運用性、ネットワーク化による監視範囲及びリアルタイムの情報交換を拡大するため並びに弾道ミサイル対処能力の総合的な向上を図るため、協力する。さらに、日米両政府は、引き続き、挑発的なミサイル発射及びその他の航空活動に対処するに当たり緊密に調整する。

3　海洋安全保障

日米両政府は、航行の自由を含む国際法に基づく海洋秩序を維持するための措置に関し、相互に緊密に協力する。自衛隊及び米軍は、必要に応じて関係機関との調整によるものを含め、海洋監視情報の共有を更に構築し及び強化しつつ、適切な場合に、ＩＳＲ及び訓練・演習を通じた海洋における日米両国のプレゼンスの維持及び強化等の様々な取組において協力する。

4　アセット（装備品等）の防護

自衛隊及び米軍は、訓練・演習中を含め、連携して日本の防衛に資する活動に現に従事している場合であって適切なときは、各々のアセット（装備品等）を相互に防護する。

5　訓練・演習

自衛隊及び米軍は、相互運用性、持続性及び即応性を強化するため、日本国内外双方において、実効的な二国間及び多国間の訓練・演習を実施する。適時かつ実践的な訓練・演習は、抑止を強化する。日米両政府は、これらの活動を支えるため、訓練場、施設及び関連装備品が利用可能、アクセス可能かつ現代的なものであることを確保するために協力する。

6　後方支援

日本及び米国は、いかなる段階においても、各々自衛隊及び米軍に対する後方支援の実施を主体的に行う。自衛隊及び米軍は、日本国の自衛隊とアメリカ合衆国軍隊との間における後方支援、物品又は役務の相互の提供に関する日本国政府とアメリカ合衆国政府との間の協定（日米物品役務相互提供協定）及びその関連取決めに規定する活動について、適切な場合に、補給、整備、輸送、施設及び衛生を含むが、これらに限らない後方支援を相互に行う。

7　施設の使用

日米両政府は、自衛隊及び米軍の相互運用性を拡大し並びに柔軟性及び抗たん性を向上させるため、施設・区域の共同使用を強化し、施設・区域の安全の確保に当たって協力する。日米両政府はまた、緊急事態へ備えることの重要性を認識し、適切な場合に、民間の空港及び港湾を含む施設の実地調査の実施に当たって協力する。

B　日本の平和及び安全に対して発生する脅威への対処

同盟は、日本の平和及び安全に重要な影響を与える事態に対処する。**当該事態については地理的に定めることはできない**。この節に示す措置は、当該事態にいまだ至ってない状況において、両国の各々の国内法令に従ってとり得るものを含む。早期の状況把握及び二国間の行動に関する状況に合わせた断固たる意思決定は、当該事態の抑止及び緩和に寄与する。
日米両政府は、日本の平和及び安全を確保するため、平時からの協力的措置を継続することに加え、外交努力を含むあらゆる手段を追求する。日米両政府は、同盟調整メカニズムを活用しつつ、各々の決定により、次に掲げるものを含むが、これらに限らない追加的措置をとる。

1　非戦闘員を退避させるための活動

日本国民又は米国国民である非戦闘員を第三国から安全な地域に退避させる必要がある場合、各政府は、自国民の退避及び現地当局との関係の処理について責任を有する。日米両政府は、適切な場合に、日本国民又は米国国民である非戦闘員の退避を計画するに当たり調整し及び当該非戦闘員の退避の実施に当たって協力する。これらの退避活動は、輸送手段、施設等の各国の能力を相互補完的に使用して実施される。日米両政府は、各々、第三国の非戦闘員に対して退避に係る援助を行うことを検討することができる。

日米両政府は、退避者の安全、輸送手段及び施設、通関、出入国管理及び検疫、安全な地域、衛生等の分野において協力を実施するため、適切な場合に、同盟調整メカニズムを通じ初期段階からの調整を行う。日米両政府は、適切な場合に、訓練・演習の実施によるものを含め、非戦闘員を退避させるための活動における調整を平時から強化する。

2　海洋安全保障

日米両政府は、各々の能力を考慮しつつ、海洋安全保障を強化するため、緊密に協力する。協力的措置には、情報共有及び国際連合安全保障理事会決議その他の国際法上の根拠に基づく船舶の検査を含み得るが、これらに限らない。

3　避難民への対応のための措置

日米両政府は、日本への避難民の流入が発生するおそれがある又は実際に始まるような状況に至る場合には、国際法上の関係する義務に従った人道的な方法で避難民を扱いつつ、日本の平和及び安全を維持するために協力する。当該避難民への対応については、日本が主体的に実施する。米国は、日本からの要請に基づき、適切な支援を行う。

4　捜索・救難

日米両政府は、適切な場合に、捜索・救難活動において協力し及び相互に支援する。自衛隊は、日本の国内法令に従い、適切な場合に、関係機関と協力しつつ、米国による戦闘捜索・救難活動に対して支援を行う。

5　施設・区域の警護

自衛隊及び米軍は、各々の施設・区域を関係当局と協力して警護する責任を有する。日本は、米国からの要請に基づき、米軍と緊密に協力し及び調整しつつ、日本国内の施設・区域の追加的な警護を実施する。

6　後方支援

日米両政府は、実効的かつ効率的な活動を可能とするため、適切な場合に、相互の後方支援（補給、整備、輸送、施設及び衛生を含むが、これらに限らない。）を強化する。これらには、運用面及び後方支援面の所要の迅速な確認並びにこれを満たす方策の実施を含む。日本政府は、中央政府及び地方公共団体の機関が有する権限及び能力並びに民間が有する能力を適切に活用する。日本政府は、自国の国内法令に従い、適切な場合に、後方支援及び関連支援を行う。

7　施設の使用

日本政府は、日米安全保障条約及びその関連取極に従い、必要に応じて、民間の空港及び港湾を含む施設を一時的な使用に供する。日米両政府は、施設・区域の共同使用における協力を強化する。

C　日本に対する武力攻撃への対処行動

日本に対する武力攻撃への共同対処行動は、引き続き、日米間の安全保障及び防衛協力の中核的要素である。

日本に対する武力攻撃が予測される場合、日米両政府は、日本の防衛のために必要な準備を行いつつ、武力攻撃を抑止し及び事態を緩和するための措置をとる。

日本に対する武力攻撃が発生した場合、日米両政府は、極力早期にこれを排除し及び更なる攻撃を抑止するため、適切な共同対処行動を実施する。日米両政府はまた、第Ⅳ章に掲げるものを含む必要な措置をとる。

1　日本に対する武力攻撃が予測される場合

日本に対する武力攻撃が予測される場合、日米両政府は、攻撃を抑止し及び事態を緩和するため、包括的かつ強固な政府一体となっての取組を通じ、情報共有及び政策面の協議を強化し、外交努力を含むあらゆる手段を追求する。

自衛隊及び米軍は、必要な部隊展開の実施を含め、共同作戦のための適切な態勢をとる。日本は、米軍の部隊展開を支援するための基盤を確立し及び維持する。日米両政府による準備には、施設・区域の共同使用、補給、整備、輸送、施設及び衛生を含むが、これらに限らない相互の後方支援及び日本国内の米国の施設・区域の警護の強化を含み得る。

2　日本に対する武力攻撃が発生した場合

a　整合のとれた対処行動のための基本的考え方

外交努力及び抑止にもかかわらず、日本に対する武力攻撃が発生した場合、日米両国は、迅速に武力攻撃を排除し及び更なる攻撃を抑止するために協力し、日本の平和及び安全を回復する。当該整合のとれた行動は、この地域の平和及び安全の回復に寄与する。

日本は、日本の国民及び領域の防衛を引き続き主体的に実施し、日本に対する武力攻撃を極力早期に排除するため直ちに行動する。自衛隊は、日本及びその周辺海空域並びに海空域の接近経路における防勢作戦を主体的に実施する。米国は、日本と緊密に調整し、適切な支援を行う。米軍は、日本を防衛するため、自衛隊を支援し及び補完する。米国は、日本の防衛を支援し並びに平和及び安全を回復するような方法で、この地域の環境を形成するための行動をとる。

日米両政府は、日本を防衛するためには国力の全ての手段が必要となることを認識し、同盟調整メカニズムを通じて行動を調整するため、各々の指揮系統を活用しつつ、各々政府一体となっての取組を進める。

米国は、日本に駐留する兵力を含む前方展開兵力を運用し、所要に応じその他のあらゆる地域からの増援兵力を投入する。日本は、これらの部隊展開を円滑にするために必要な基盤を確立し及び維持する。

日米両政府は、日本に対する武力攻撃への対処において、各々米軍又は自衛隊及びその施設を防護するための適切な行動をとる。

b　作戦構想

i　空域を防衛するための作戦

自衛隊及び米軍は、日本の上空及び周辺空域を防衛するため、共同作戦を実施する。

自衛隊は、航空優勢を確保しつつ、防空作戦を主体的に実施する。このため、自衛隊は、航空機及び巡航ミサイルによる攻撃に対する防衛を含むが、これに限られない必要な行動をとる。

米軍は、自衛隊の作戦を支援し及び補完するための作戦を実施する。

ii　弾道ミサイル攻撃に対処するための作戦

自衛隊及び米軍は、日本に対する弾道ミサイル攻撃に対処するため、共同作戦を実施する。
自衛隊及び米軍は、弾道ミサイル発射を早期に探知するため、リアルタイムの情報交換を行う。弾道ミサイル攻撃の兆候がある場合、自衛隊及び米軍は、日本に向けられた弾道ミサイル攻撃に対して防衛し、弾道ミサイル防衛作戦に従事する部隊を防護するための実効的な態勢を維持する。

自衛隊は、日本を防衛するため、弾道ミサイル防衛作戦を主体的に実施する。

米軍は、自衛隊の作戦を支援し及び補完するための作戦を実施する。

iii 海域を防衛するための作戦

自衛隊及び米軍は、日本の周辺海域を防衛し及び海上交通の安全を確保するため、共同作戦を実施する。

自衛隊は、日本における主要な港湾及び海峡の防備、日本周辺海域における艦船の防護並びにその他の関連する作戦を主体的に実施する。このため、自衛隊は、沿岸防衛、対水上戦、対潜戦、機雷戦、対空戦及び航空阻止を含むが、これに限られない必要な行動をとる。

米軍は、自衛隊の作戦を支援し及び補完するための作戦を実施する。

自衛隊及び米軍は、当該武力攻撃に関与している敵に支援を行う船舶活動の阻止において協力する。

こうした活動の実効性は、関係機関間の情報共有その他の形態の協力を通じて強化される。

iv 陸上攻撃に対処するための作戦

自衛隊及び米軍は、日本に対する陸上攻撃に対処するため、陸、海、空又は水陸両用部隊を用いて、共同作戦を実施する。

自衛隊は、島嶼に対するものを含む陸上攻撃を阻止し、排除するための作戦を主体的に実施する。必要が生じた場合、自衛隊は島嶼を奪回するための作戦を実施する。このため、自衛隊は、着上陸侵攻を阻止し排除するための作戦、水陸両用作戦及び迅速な部隊展開を含むが、これに限られない必要な行動をとる。

自衛隊はまた、関係機関と協力しつつ、潜入を伴うものを含め、日本における特殊作戦部隊による攻撃等の不正規型の攻撃を主体的に撃破する。

米軍は、自衛隊の作戦を支援し及び補完するための作戦を実施する。

v 領域横断的な作戦

自衛隊及び米軍は、日本に対する武力攻撃を排除し及び更なる攻撃を抑止するため、領域横断的な共同作戦を実施する。これらの作戦は、複数の領域を横断して同時に効果を達成することを目的とする。

領域横断的な協力の例には、次に示す行動を含む。

自衛隊及び米軍は、適切な場合に、関係機関と協力しつつ、各々のＩＳＲ態勢を強化し、情報共有を促進し及び各々のＩＳＲアセットを防護する。

米軍は、自衛隊を支援し及び補完するため、打撃力の使用を伴う作戦を実施することができる。米軍がそのような作戦を実施する場合、自衛隊は、必要に応じ、支援を行うことができる。これらの作戦は、適切な場合に、緊密な二国間調整に基づいて実施される。

日米両政府は、第Ⅵ章に示す二国間協力に従い、宇宙及びサイバー空間における脅威に対処するために協力する。

自衛隊及び米軍の特殊作戦部隊は、作戦実施中、適切に協力する。

c　作戦支援活動

日米両政府は、共同作戦を支援するため、次の活動において協力する。

ⅰ　通信電子活動

日米両政府は、適切な場合に、通信電子能力の効果的な活用を確保するため、相互に支援する。

自衛隊及び米軍は、共通の状況認識の下での共同作戦のため、自衛隊と米軍との間の効果的な通信を確保し、共通作戦状況図を維持する。

ⅱ　捜索・救難

自衛隊及び米軍は、適切な場合に、関係機関と協力しつつ、戦闘捜索・救難活動を含む捜索・救難活動において、協力し及び相互に支援する。

ⅲ　後方支援

作戦上各々の後方支援能力の補完が必要となる場合、自衛隊及び米軍は、各々の能力及び利用可能性に基づき、柔軟かつ適時の後方支援を相互に行う。

日米両政府は、支援を行うため、中央政府及び地方公共団体の機関が有する権限及び能力並びに民間が有する能力を適切に活用する。

ⅳ　施設の使用

日本政府は、必要に応じ、日米安全保障条約及びその関連取極に従い、施設の追加提供を行う。日米両政府は、施設・区域の共同使用における協力を強化する。

ⅴ　ＣＢＲＮ（化学・生物・放射線・核）防護

日本政府は、日本国内でのＣＢＲＮ事案及び攻撃に引き続き主体的に対処する。米国は、日本における米軍の任務遂行能力を主体的に維持し回復する。日本からの要請に基づき、米国は、日本の防護を確実にするため、ＣＢＲＮ事案及び攻撃の予防並びに対処関連活動において、適切に日本を支援する。

Ｄ　日本以外の国に対する武力攻撃への対処行動

日米両国が、各々、米国又は第三国に対する武力攻撃に対処するため、主権の十分な尊重を含む国際法並びに各々の憲法及び国内法に従い、武力の行使を伴う行動をとることを決定する場合であって、日本が武力攻撃を受けるに至っていないとき、日米両国は、当該武力攻撃への対処及び更なる攻撃の抑止において緊密に協力する。共同対処は、政府全体にわたる同盟調整メカニズムを通じて調整される。

日米両国は、当該武力攻撃への対処行動をとっている他国と適切に協力する。

自衛隊は、日本と密接な関係にある他国に対する武力攻撃が発生し、これにより日本の存立が脅かされ、国民の生命、自由及び幸福追求の権利が根底から覆される明白な危険がある事態に対処し、日本の存立を全うし、日本国民を守るため、武力の行使を伴う適切な作戦を実施する。

協力して行う作戦の例は、次に概要を示すとおりである。

１　アセットの防護

自衛隊及び米軍は、適切な場合に、アセットの防護において協力する。当該協力には、非戦闘員の退避のための活動又は弾道ミサイル防衛等の作戦に従事しているアセットの防護を含むが、これに限らない。

２　捜索・救難

自衛隊及び米軍は、適切な場合に、関係機関と協力しつつ、戦闘捜索・救難活動を含む捜索・救難活動において、協力し及び支援を行う。

３　海上作戦

自衛隊及び米軍は、適切な場合に、海上交通の安全を確保することを目的とするものを含む**機雷掃海において協力**する。

自衛隊及び米軍は、適切な場合に、関係機関と協力しつつ、**艦船を防護するための護衛作戦において協力**する。

自衛隊及び米軍は、適切な場合に、関係機関と協力しつつ、当該武力攻撃に関与している**敵に支援を行う船舶活動の阻止において協力**する。

4　弾道ミサイル攻撃に対処するための作戦

自衛隊及び米軍は、各々の能力に基づき、適切な場合に、弾道ミサイルの迎撃において協力する。日米両政府は、弾道ミサイル発射の早期探知を確実に行うため、情報交換を行う。

5　後方支援

作戦上各々の後方支援能力の補完が必要となる場合、自衛隊及び米軍は、各々の能力及び利用可能性に基づき、柔軟かつ適時に後方支援を相互に行う。

日米両政府は、支援を行うため、中央政府及び地方公共団体の機関が有する権限及び能力並びに民間が有する能力を適切に活用する。

E　日本における大規模災害への対処における協力

日本において大規模災害が発生した場合、日本は主体的に当該災害に対処する。自衛隊は、関係機関、地方公共団体及び民間主体と協力しつつ、災害救援活動を実施する。日本における大規模災害からの迅速な復旧が日本の平和及び安全の確保に不可欠であること、及び当該災害が日本における米軍の活動に影響を与える可能性があることを認識し、米国は、自国の基準に従い、日本の活動に対する適切な支援を行う。当該支援には、捜索・救難、輸送、補給、衛生、状況把握及び評価並びにその他の専門的能力を含み得る。日米両政府は、適切な場合に、同盟調整メカニズムを通じて活動を調整する。

日米両政府は、日本における人道支援・災害救援活動に際しての米軍による協力の実効性を高めるため、情報共有によるものを含め、緊密に協力する。さらに、米軍は、災害関連訓練に参加することができ、これにより、大規模災害への対処に当たっての相互理解が深まる。

V　地域の及びグローバルな平和と安全のための協力

相互の関係を深める世界において、日米両国は、アジア太平洋地域及びこれを越えた地域の平和、安全、安定及び経済的な繁栄の基盤を提供するため、パートナーと協力しつつ、主導的役割を果たす。半世紀をはるかに上回る間、日米両国は、世界の様々な地域における課題に対して実効的な解決策を実行するため協力してきた。

日米両政府の各々がアジア太平洋地域及びこれを越えた地域の平和及び安全のための国際的な活動に参加することを決定する場合、自衛隊及び米軍を含む日米両政府は、適切なときは、次に示す活動等において、相互に及びパートナーと緊密に協力する。この協力はまた、日米両国の平和及び安全に寄与する。

A　国際的な活動における協力

日米両政府は、各々の判断に基づき、国際的な活動に参加する。共に活動を行う場合、自衛隊及び米軍は、実行可能な限り最大限協力する。

日米両政府は、適切な場合に、同盟調整メカニズムを通じ、当該活動の調整を行うことができ、また、これらの活動において三か国及び多国間の協力を追求する。自衛隊及び米軍は、円滑かつ実効的な協力のため、適切な場合に、手順及びベストプラクティスを共有する。日米両政府は、引き続き、この指針に必ずしも明示的には含まれない広範な事項について協力する一方で、地域的及び国際的な活動における日米両政府による一般的な協力分野は次のものを含む。

1　平和維持活動

日米両政府が国際連合憲章に従って国際連合により権限を与えられた平和維持活動に参加する場合、日米両政府は、適切なときは、自衛隊と米軍との間の相互運用性を最大限に活用するため、緊密に協力する。日米両政府はまた、適切な場合に、同じ任務に従事する国際連合その他の要員に対する後方支援の提供及び保護において協力することができる。

2　国際的な人道支援・災害救援

日米両政府が、大規模な人道災害及び自然災害の発生を受けた関係国政府又は国際機関からの要請に応じて、国際的な人道支援・災害救援活動を実施する場合、日米両政府は、適切なときは、参加する自衛隊と米軍との間の相互運用性を最大限に活用しつつ、相互に支援を行うため緊密に協力する。協力して行う活動の例には、相互の後方支援、運用面の調整、計画策定及び実施を含み得る。

3　海洋安全保障

日米両政府が海洋安全保障のための活動を実施する場合、日米両政府は、適切なときは、緊密に協力する。協力して行う活動の例には、海賊対処、機雷掃海等の安全な海上交通のための取組、大量破壊兵器の不拡散のための取組及びテロ対策活動のための取組を含み得る。

4　パートナーの能力構築支援

パートナーとの積極的な協力は、地域及び国際の平和及び安全の維持及び強化に寄与する。変化する安全保障上の課題に対処するためのパートナーの能力を強化することを目的として、日米両政府は、適切な場合に、各々の能力及び経験を最大限に活用することにより、能力構築支援活動において協力する。協力して行う活動の例には、海洋安全保障、防衛医学、防衛組織の構築、人道支援・災害救援又は平和維持活動のための部隊の即応性の向上を含み得る。

5　非戦闘員を退避させるための活動

非戦闘員の退避のために国際的な行動が必要となる状況において、日米両政府は、適切な場合に、日本国民及び米国国民を含む非戦闘員の安全を確保するため、外交努力を含むあらゆる手段を活用する。

6　情報収集、警戒監視及び偵察

日米両政府が国際的な活動に参加する場合、自衛隊及び米軍は、各々のアセットの能力及び利用可能性に基づき、適切なときは、ＩＳＲ活動において協力する。

7　訓練・演習

自衛隊及び米軍は、国際的な活動の実効性を強化するため、適切な場合に、共同訓練・演習を実施し及びこれに参加し、相互運用性、持続性及び即応性を強化する。また、日米両政府は、引き続き、同盟との相互運用性の強化並びに共通の戦術、技術及び手順の構築に寄与するため、訓練・演習においてパートナーと協力する機会を追求する。

8　後方支援

日米両政府は、国際的な活動に参加する場合、相互に後方支援を行うために協力する。日本政府は、自国の国内法令に従い、適切な場合に、後方支援を行う。

B　三か国及び多国間協力

日米両政府は、三か国及び多国間の安全保障及び防衛協力を推進し及び強化する。特に、日米両政府は、地域の及び他のパートナー並びに国際機関と協力するための取組を強化し、並びにそのための更なる機会を追求する。

日米両政府はまた、国際法及び国際的な基準に基づく協力を推進すべく、地域及び国際機関を強化するために協力する。

Ⅵ　宇宙及びサイバー空間に関する協力

A　宇宙に関する協力

日米両政府は、宇宙空間の安全保障の側面を認識し、責任ある、平和的かつ安全な宇宙の利用を確実なものとするための両政府の連携を維持し及び強化する。

当該取組の一環として、日米両政府は、各々の宇宙システムの抗たん性を確保し及び宇宙状況監視に係る協力を強化する。日米両政府は、能力を確立し向上させるため、適切な場合に、相互に支援し、宇宙空間の安全及び安定に影響を与え、その利用を妨げ得る行動や事象についての情報を共有する。日米両政府はまた、宇宙システムに対して発生する脅威に対応するために情報を共有し、また、海洋監視並びに宇宙システムの能力及び抗たん性を強化する宇宙関係の装備・技術（ホステッド・ペイロードを含む。）における協力の機会を追求する。

自衛隊及び米軍は、各々の任務を実効的かつ効率的に達成するため、宇宙の利用に当たって、引き続き、早期警戒、ＩＳＲ、測位、航法及びタイミング、宇宙状況監視、気象観測、指揮、統制及び通信並びに任務保証のために不可欠な関係する宇宙システムの抗たん性の確保等の分野において協力し、かつ政府一体となっての取組に寄与する。各々の宇宙システムが脅威にさらされた場合、自衛隊及び米軍は、適切なときは、危険の軽減及び被害の回避において協力する。被害が発生した場合、自衛隊及び米軍は、適切なときは、関係能力の再構築において協力する。

B　サイバー空間に関する協力

日米両政府は、サイバー空間の安全かつ安定的な利用の確保に資するため、適切な場合に、サイバー空間における脅威及び脆弱性に関する情報を適時かつ適切な方法で共有する。また、日米両政府は、適切な場合に、訓練及び教育に関するベストプラクティスの交換を含め、サイバー空間における各種能力の向上に関する情報を共有する。日米両政府は、適切な場合に、民間との情報共有によるものを含め、自衛隊及び米軍が任務を達成する上で依拠する重要インフラ及びサービスを防護するために協力する。

自衛隊及び米軍は、次の措置をとる。

・各々のネットワーク及びシステムを監視する態勢を維持すること
・サイバーセキュリティに関する知見を共有し、教育交流を行うこと
・任務保証を達成するために各々のネットワーク及びシステムの抗たん性を確保すること
・サイバーセキュリティを向上させるための政府一体となっての取組に寄与すること
・平時から緊急事態までのいかなる状況においてもサイバーセキュリティのための実効的な協力を確実に行うため、共同演習を実施すること

自衛隊及び日本における米軍が利用する重要インフラ及びサービスに対するものを含め、日本に対するサイバー事案が発生した場合、日本は主体的に対処し、緊密な二国間調整に基づき、米国は日本に対し適切な支援を行う。日米両政府はまた、関連情報を迅速かつ適切に共有する。日本が武力攻撃を受けている場合に発生するものを含め、日本の安全に影響を与える深刻なサイバー事案が発生した場合、日米両政府は、緊密に協議し、適切な協力行動をとり対処する。

Ⅶ　日米共同の取組

日米両政府は、二国間協力の実効性を更に向上させるため、安全保障及び防衛協力の基盤として、次の分野を発展させ及び強化する。

A　防衛装備・技術協力

日米両政府は、相互運用性を強化し、効率的な取得及び整備を推進するため、次の取組を行う。

・装備品の共同研究、開発、生産、試験評価並びに共通装備品の構成品及び役務の相互提供において協力する。

・相互の効率性及び即応性のため、共通装備品の修理及び整備の基盤を強化する。

・効率的な取得、相互運用性及び防衛装備・技術協力を強化するため、互恵的な防衛調達を促進する。

・防衛装備・技術に関するパートナーとの協力の機会を探求する。

B　情報協力・情報保全

・日米両政府は、共通の情勢認識が不可欠であることを認識し、国家戦略レベルを含むあらゆるレベルにおける情報協力及び情報共有を強化する。

・日米両政府は、緊密な情報協力及び情報共有を可能とするため、引き続き、秘密情報の保護に関連した政策、慣行及び手続の強化における協力を推進する。

・日米両政府はまた、情報共有に関してパートナーとの協力の機会を探求する。

C　教育・研究交流

日米両政府は、安全保障及び防衛に関する知的協力の重要性を認識し、関係機関の構成員の交流を深め、各々の研究・教育機関間の意思疎通を強化する。そのような取組は、安全保障・防衛当局者が知識を共有し協力を強化するための恒久的な基盤となる。

Ⅷ　見直しのための手順

日米安全保障協議委員会は、適切な下部組織の補佐を得て、この指針が変化する情況に照らして適切なものであるか否かを定期的に評価する。日米同盟関係に関連する諸情勢に変化が生じ、その時の状況を踏まえて必要と認める場合には、日米両政府は、適時かつ適切な形でこの指針を更新する。（本文のゴシックは筆者）

●資料2　2014年度以降に係る防衛計画の大綱（要旨）

2013年12月17日

策定の趣旨

我が国を取り巻く新たな安全保障環境の下、今後の我が国の防衛の在り方について、「平成25年度の防衛力整備等について」（平成25年1月25日安全保障会議及び閣議決定）を踏まえ、「平成26年度以降に係る防衛計画の大綱」として、新たな指針を示す。

中国は、地域と世界においてより協調的な形で積極的な役割を果たすことが強く期待されている一方、継続的に高い水準で国防費を増加させ、軍事力を広範かつ急速に強化している。また、中国は、その一環として、周辺地域への他国の軍事力の接近・展開を阻止し、当該地域での他国の軍事活動を阻害する非対称的な軍事能力の強化に取り組んでいると見られる。他方、中国は、このような軍事力の強化の目的や目標を明確にしておらず、軍事や安全保障に関する透明性が十分確保されていない。

また、中国は、東シナ海や南シナ海を始めとする海空域等における活動を急速に拡大・活発化させている。特に、海洋における利害が対立する問題をめぐっては、力を背景とした現状変更の試み等、高圧的とも言える対応を示しており、我が国周辺海空域において、我が国領海への断続的な侵入や我が国領空の侵犯等を行うとともに、独自の主張に基づく「東シナ海防空識別区」の設定といった公海上空の飛行の自由を妨げるような動きを含む、不測の事態を招きかねない危険な行為を引き起こしている。

これに加えて、中国は、軍の艦艇や航空機による太平洋への進出を常態化させ、我が国の北方を含む形で活動領域を一層拡大するなど、より前方の海空域における活動を拡大・活発化させている。

こうした中国の軍事動向等については、我が国として強く懸念しており、今後も強い関心を持って注視していく必要がある。また、地域・国際社会の安全保障上も懸念されるところとなっている。

我が国の防衛力――統合機動防衛力の構築

防衛力は我が国の安全保障の最終的な担保であり、我が国に直接脅威が及ぶことを未然に防止し、脅威が及ぶ場合にはこれを排除するという我が国の意思と能力を表すものである。

今後の防衛力の在り方を検討するに当たっては、我が国を取り巻く安全保障環境が刻々と変化する中で、防衛力を不断に見直し、その変化に適応していかなければならない。このため、想定される各種事態への対応について、自衛隊全体の機能・能力に着目した統合運用の観点からの能力評価を実施し、総合的な観点から特に重視すべき機能・能力を導き出すことにより、限られた資源を重点的かつ柔軟に配分していく必要がある。

また、我が国を取り巻く安全保障環境が一層厳しさを増す中、平素の活動に加え、グレーゾーンの事態を含め、自衛隊の対応が求められる事態が増加しており、かつ、そのような事態における対応も長期化しつつある。このため、平素から、常時継続的な情報収集・警戒監視・偵察（ＩＳＲ）活動（以下「常続監視」という。）を行うとともに、事態の推移に応じ、訓練・演習を戦略的に実施し、また、安全保障環境に即した部隊配置と部隊の機動展開を含む対処態勢の構築を迅速に行うことにより、我が国の防衛意思と高い能力を示し、事態の深刻化を防止する。

また、各種事態が発生した場合には、事態に応じ、必要な海上優勢及び航空優勢を確保して実効的に対処し、被害を最小化することが、国民の生命・財産と領土・領海・領空を守り抜く上で重要である。

そのため、装備の運用水準を高め、その活動量を増加させ、統合運用による適切な活動を機動的かつ持続的に実施していくことに加え、防衛力をより強靭なものとするため、各種活動を下支えする防衛力の「質」及び「量」を必要かつ十分に確保し、抑止力及び対処力を高めていく。

以上の観点から、今後の防衛力については、安全保障環境の変化を踏まえ、特に重視すべき機能・能力についての全体最適を図るとともに、**多様な活動を統合運用により シームレスかつ状況に臨機に対応して機動的に行い得る実効的なものとしていくことが必要である**。このため、幅広い後方支援基盤の確立に配意しつつ、高度な技術力と情報・指揮通信能力に支えられ、ハード及びソフト両面における即応性、持続性、強靭性及び連接性も重視した統合機動防衛力を構築する。

周辺海空域における安全確保

平素から我が国周辺を広域にわたり常続監視するとともに、領空侵犯に対して即時適切な措置を講じる。また、グレーゾーンの事態も含め、我が国の主権を侵害し得る行為に対して実効的かつ機動的に対応するとともに、当該行為が長期化・深刻化した場合にも、**事態の推移に応じシームレスに対応**し、我が国周辺海空域の防衛及び安全確保に万全を期す。

島嶼しょ部に対する攻撃への対応

島嶼しょ部に対する攻撃に対しては、安全保障環境に即して配置された部隊に加え、侵攻阻止に必要な部隊を速やかに機動展開し、海上優勢及び航空優勢を確保しつつ、侵略を阻止・排除し、島嶼しょへの侵攻があった場合には、これを奪回する。その際、弾道ミサイル、巡航ミサイル等による攻撃に対して的確に対応する。

自衛隊の体制整備に当たっての重視事項

（1）基本的考え方

自衛隊は、上記の防衛力の役割を実効的に果たし得る体制を保持することとし、体制の整備に当たって、今後の防衛力整備において特に重視すべき機能・能力を明らかにするため、想定される各種事態について、統合運用の観点から能力評価を実施した。かかる能力評価の結果を踏まえ、南西地域の防衛態勢の強化を始め、各種事態における実効的な抑止及び対処を実現するための前提となる海上優勢及び航空優勢の確実な維持に向けた防衛力整備を優先することとし、幅広い後方支援基盤の確立に配意しつつ、機動展開能力の整備も重視する。

一方、主に冷戦期に想定されていた大規模な陸上兵力を動員した着上陸侵攻のような侵略事態への備えについては、不確実な将来情勢の変化に対応するための最小限の専門的知見や技能の維持・継承に必要な範囲に限り保持する。

島嶼しょ部に対する攻撃への対応

島嶼しょ部への攻撃に対して実効的に対応するための前提となる海上優勢及び航空優勢を確実に維持するため、航空機や艦艇、ミサイル等による攻撃への対処能力を強化する。また、島嶼しょ部に対する侵攻を可能な限り洋上において阻止するための統合的な能力を強化するとともに、島嶼しょへの侵攻があった場合に速やかに上陸・奪回・確保するための本格的な水陸両用作戦能力を新たに整備する。

さらに、南西地域における事態生起時に自衛隊の部隊が迅速かつ継続的に対応できるよう、後方支援能力を向上させる。なお、太平洋側の島嶼しょ部における防空態勢の在り方についても検討を行う。

（1）陸上自衛隊

ア、島嶼しょ部に対する攻撃を始めとする各種事態に即応し、実効的かつ機動的に対処し得るよう、高い機動力や警戒監視能力を備え、**機動運用を基本とする作戦基本部隊（機動師団、機動旅団及び機甲師団）を保持するほか、空挺、水陸両用作戦、特殊作戦、航空輸送、特殊武器防護及び国際平和協力活動等を有効に実施し得るよう、専門的機能を備えた機動運用部隊を保持する。**

この際、良好な訓練環境を踏まえ、２（２）ウに示す**統合輸送能力により迅速に展開・移動させることを前提として**、高い練度を維持した機動運用を基本とする作戦基本部隊の半数を北海道に保持する。

また、自衛隊配備の空白地域となっている島嶼しょ部への部隊配備、上記の各種部隊の機動運用、海上自衛隊及び航空自衛隊との有機的な連携・ネットワーク化の確立等により、島嶼しょ部における防衛態勢の充実・強化を図る。

イ、島嶼しょ部等に対する侵攻を可能な限り洋上において阻止し得るよう、地対艦誘導弾部隊を保持する。

ウ、（３）エの地対空誘導弾部隊と連携し、作戦部隊及び重要地域の防空を有効に行い得るよう、地対空誘導弾部隊を保持する。

エ、アに示す機動運用を基本とする部隊以外の作戦基本部隊（師団・旅団）について、戦車及び火砲を中心として部隊の編成・装備を見直し、効率化・合理化を徹底した上で、地域の特性に応じて適切に配置する。

（２）海上自衛隊

ア、常続監視や対潜戦等の各種作戦の効果的な遂行による周辺海域の防衛や海上交通の安全確保及び国際平和協力活動等を機動的に実施し得るよう、多様な任務への対応能力の向上と船体のコンパクト化を両立させた新たな護衛艦等により増強された護衛艦部隊及び艦載回転翼哨戒機部隊を保持する。なお、当該護衛艦部隊は、（３）エの地対空誘導弾部隊とともに、弾道ミサイル攻撃から我が国を多層的に防護し得る機能を備えたイージス・システム搭載護衛艦を保持する。

イ、水中における情報収集・警戒監視を平素から我が国周辺海域で広域にわたり実施するとともに、周辺海域の哨戒及び防衛を有効に行い得るよう、増強された潜水艦部隊を保持する。

ウ、洋上における情報収集・警戒監視を平素から我が国周辺海域で広域にわたり実施するとともに、周辺海域の哨戒及び防衛を有効に行い得るよう、固定翼哨戒機部隊を保持する。

エ、アの多様な任務への対応能力の向上と船体のコンパクト化を両立させた新たな護衛艦と連携し、我が国周辺海域の掃海を有効に行い得るよう、掃海部隊を保持する。

（3）航空自衛隊

ア、我が国周辺のほぼ全空域を常時継続的に警戒監視するとともに、我が国に飛来する弾道ミサイルを探知・追尾し得る地上警戒管制レーダーを備えた警戒管制部隊のほか、グレーゾーンの事態等の情勢緊迫時において、長期間にわたり空中における警戒監視・管制を有効に行い得る増強された警戒航空部隊からなる航空警戒管制部隊を保持する。

イ、戦闘機とその支援機能が一体となって我が国の防空等を総合的な態勢で行い得るよう、能力の高い戦闘機で増強された戦闘機部隊を保持する。また、戦闘機部隊、警戒航空部隊等が我が国周辺空域等で各種作戦を持続的に遂行し得るよう、増強された空中給油・輸送部隊を保持する。

防衛力の能力発揮のための基盤

防衛力に求められる多様な活動を適時・適切に行うためには、単に主要な編成、装備等を整備するだけでは十分ではなく、防衛力が最大限効果的に機能するよう、これを下支えする種々の基盤も併せて強化することが必要不可欠である。その主な事項は、以下のとおりである。

1 訓練・演習

平素から、訓練・演習を通じ、事態に対処するための各種計画を不断に検証し、見直すとともに、各自衛隊の戦術技量の向上のため、訓練・演習の充実・強化に努める。その際、北海道の良好な訓練環境を一層活用するとともに、関係機関や民間部門とも連携し、より実践的な訓練・演習を体系的かつ計画的に実施する。

自衛隊の演習場等に制約がある南西地域において、日米共同訓練・演習を含む適時・適切な訓練・演習を実施し得るよう、地元との関係に留意しつつ、米軍施設・区域の自衛隊による共同使用を進めること等により、良好な訓練環境を確保する。

運用基盤

部隊等が迅速に展開し、各種事態に効果的に対応し得るよう、その運用基盤である各種支援機能を維持する観点から、**駐屯地・基地等の復旧能力を含めた抗たん性を高める。民間空港及び港湾についても事態に応じて早期に自衛隊等の運用基盤として使用し得るよう、平素からの体制の在り方も含め、必要な検討を行う。**必要な弾薬を確保・備蓄するとともに、装備品の維持整備に万全を期すことにより、装備品の可動率の向上等、装備品の運用基盤の充実・強化を図る。

社会批評社・好評ノンフィクション

■アジア太平洋戦争下の島嶼戦争の現場を知る本

●サイパン&テニアン戦跡完全ガイド——玉砕と自決の島を歩く

バンサイクリフの「集団自死」で知られるサイパン、テニアン。そこには、いまなお膨大な戦争の傷痕が残されている。このアジア太平洋戦争下の島嶼戦争の実態を検証。（A５判　本体１６００円）

●グアム戦跡完全ガイド——観光案内にない戦争の傷痕

忘れられた「大宮島」の記憶——サビた火砲・戦車・トーチカが語る南の島の戦争。本書は、グアム政府観光案内でもトップに紹介されている本。（A５判　本体１６００円）

●フィリピン戦跡ガイド——戦争犠牲者への追悼の旅

中国を上回る約50万人の戦死者を出したフィリピンでの戦争——ルソン島のバターン半島からリンガエン湾、中部のバレテ峠、そして、南部のバタンガス州リパほか、コレヒドール島など、各地の戦争と占領・住民虐殺の現場を歩く。写真２５０枚掲載。（四六判　本体１８００円）

●シンガポール戦跡ガイド——「昭南島」を知っていますか？

大検証（粛正）で約５万人が殺害された日本軍占領下のシンガポール、その戦争と占領の傷痕を歩く。観光コースではない、戦争の跡を歩いてみませんか？（四六判　本体１６００円）

●本土決戦戦跡ガイド（Ｐａｒｔ１）——写真で見る戦争の真実

本土決戦とは何だったのか？　この決戦態勢下、北海道から九十九里浜、東京湾、チェジュ島などに築かれたトーチカ・掩体壕・地下壕などの戦争遺跡を案内。（四六判　本体１６００円）

著者 略歴

小西　誠（こにし　まこと）

1949年、宮崎県生まれ。航空自衛隊生徒隊第10期生。軍事ジャーナリト・社会批評社代表。2004年から「自衛官人権ホットライン」を主宰し事務局長。

著書に『反戦自衛官』（社会批評社・復刻版）、『自衛隊の対テロ作戦』『ネコでもわかる？ 有事法制』『現代革命と軍隊』『自衛隊　そのトランスフォーメーション』『日米安保再編と沖縄』『自衛隊　この国営ブラック企業』『オキナワ島嶼戦争』『標的の島』『自衛隊の島嶼戦争—資料集・陸自「教範」で読むその作戦』（以上、社会批評社）などの軍事関係書多数。

また、『サイパン＆テニアン戦跡完全ガイド』『グアム戦跡完全ガイド』『本土決戦戦跡ガイド（part1）』『シンガポール戦跡ガイド』『フィリピン戦跡ガイド』（以上、社会批評社）の戦跡シリーズ他。

●自衛隊の南西シフト

——戦慄の対中国・日米共同作戦の実態

2018年9月5日　第1刷発行

定　価　（本体1800円＋税）

著　者　小西　誠

装　幀　根津進司

発　行　株式会社　社会批評社

東京都中野区大和町1-12-10小西ビル

電話／03-3310-0681　FAX／03-3310-6561

郵便振替／00160-0-161276

URL　http://www.maroon.dti.ne.jp/shakai/

Facebook　https://www.facebook.com/shakaihihyo

E-mail　shakai@mail3.alpha-net.ne.jp

印　刷　シナノ書籍印刷株式会社